《集成电路关键技术与创新应用丛书》

半导体微缩图形化与下一代光刻技术精讲

[日] 冈崎信次 主编

朱光耀 母春航 译

机械工业出版社
CHINA MACHINE PRESS

本书从光刻机到下一代光刻技术，从光刻胶材料到多重图形化技术，全面剖析每一步技术革新如何推动半导体产业迈向纳米级精细加工的新高度。本书共 14 章，内容包括光掩膜、下一代光刻技术发展趋势、EUV 掩膜技术、纳米压印技术、电子束刻蚀技术与设备开发、定向自组装（DSA）技术、光刻胶材料的发展趋势、含金属光刻胶材料技术、多重图形化中的沉积和刻蚀技术、光散射测量技术、扫描探针显微镜技术、基于小角度 X 射线散射的尺寸和形状测量技术、MEMS 技术的微缩图形化应用、原子级低损伤高精度刻蚀等。

本书适合有一定半导体相关知识的从业者阅读。

Original Japanese title: HANDOTAI BISAI PATTERNING
Copyright © 2017 岡崎信次，林直也，石原直，溝口計，斎藤隆志，山崎卓，笑喜勉，小寺豊，森本修，法元盛久，山田章夫，中山田憲昭，山下浩，永原誠司，上野巧，鳥海実，野尻一男，杉本有俊，白﨑博公，大田昌弘，伊藤義泰，江刺正喜，戸津健太郎，鈴木裕輝夫，小島明，池上尚克，宮口裕，越田信義，寒川誠二
Original Japanese edition published by NTS Inc.
Simplified Chinese translation rights arranged with NTS Inc.
through The English Agency (Japan) Ltd. and Shanghai To-Asia Culture Co., Ltd.

北京市版权局著作权登记　图字：01-2024-0585 号

图书在版编目（CIP）数据

半导体微缩图形化与下一代光刻技术精讲 /（日）冈崎信次主编；朱光耀，母春航译. -- 北京：机械工业出版社, 2025. 3. --（集成电路关键技术与创新应用丛书）. -- ISBN 978-7-111-77773-1

Ⅰ. TN305.7

中国国家版本馆 CIP 数据核字第 2025DZ5864 号

机械工业出版社（北京市百万庄大街 22 号　邮政编码 100037）
策划编辑：杨　源　　　　责任编辑：杨　源
责任校对：韩佳欣　张昕妍　　封面设计：王　旭
责任印制：单爱军
中媒（北京）印务有限公司印刷
2025 年 4 月第 1 版第 1 次印刷
184mm×240mm・10.75 印张・216 千字
标准书号：ISBN 978-7-111-77773-1
定价：99.00 元

电话服务　　　　　　　　　　网络服务
客服电话：010-88361066　　　机 工 官 网：www.cmpbook.com
　　　　　010-88379833　　　机 工 官 博：weibo.com/cmp1952
　　　　　010-68326294　　　金 书 网：www.golden-book.com
封底无防伪标均为盗版　　　　机工教育服务网：www.cmpedu.com

主编·作者名单

主　编

　　冈崎信次　　Gigaphoton 株式会社原技术顾问

作　者（按照撰写顺序）

　　冈崎信次　　Gigaphoton 株式会社原技术顾问

　　林直也　　　日本印刷株式会社精密光电子事业部研究员

　　石原直　　　东京大学工学系研究科首席研究员

　　沟口计　　　Gigaphoton 株式会社执行副社长/CTO/研究部长

　　斋藤隆志　　Gigaphoton 株式会社 EUV 开发部常务执行董事 EUV 开发部长

　　山崎卓　　　Gigaphoton 株式会社 EUV 开发部副部长

　　笑喜勉　　　HOYA 株式会社掩膜事业部第 2 技术开发部主任

　　小寺丰　　　凸版印刷株式会社综合研究所科长

　　森本修　　　佳能株式会社光学器材事业本部半导体器材第三 PLM 中心半导体器材 NGL24 设计室室长

　　法元盛久　　日本印刷株式会社研究开发中心主干研究员

　　山田章夫　　Advantest 株式会社纳米技术事业本部

　　中山田宪昭　Nu-Flare Technology 株式会社描画装置技术部参事

　　山下浩　　　Nu-Flare Technology 株式会社描画装置技术部光束控制技术组参事

永原诚司	东京电子株式会社 CTSPS BU 高级经理/首席科学家
上野巧	信州大学光纤创新技术孵化中心特聘教授
鸟海实	境界科技研究所所长
野尻一男	Lam Research 株式会社执行董事/研究员
杉本有俊	日立株式会社高科技电子器件系统事业统括本部公司顾问
白崎博公	玉川大学名誉教授
大田昌弘	岛津制作所株式会社分析测量事业部 X 射线表面测量事业部产品经理
伊藤义泰	Rigaku X 射线研究所株式会社主任技师
江刺正喜	日本东北大学微系统融合研究开发中心主任/教授
户津健太郎	日本东北大学微系统融合研究开发中心副教授
铃木裕辉夫	日本东北大学微系统融合研究开发中心助手
小岛明	日本东北大学微系统融合研究开发中心研究员
池上尚克	日本东北大学微系统融合研究开发中心研究员
宫口裕	日本东北大学微系统融合研究开发中心研究员
越田信义	东京农工大学研究生院工学部特聘教授
寒川诚二	日本东北大学流体科学研究所/原子分子材料高等研究所教授

目 录
CONTENTS

主编·作者名单

绪 言　半导体微缩图形化技术与光刻技术

1　引言 ·· 1
2　微缩化的指导原则及其效果 ··· 1
3　光刻技术的发展及其困难 ·· 4
4　下一代光刻技术及未来发展 ··· 6

第 1 章　光掩膜 ··· 9

1.1　引言 ·· 9
1.2　光掩膜的起源 ·· 10
1.3　光掩膜的结构 ·· 10
1.4　光掩膜的制造工艺 ··· 11
1.5　掩膜版的挑战及未来展望 ·· 18

第 2 章　下一代光刻技术发展趋势 ··· 19

2.1　下一代光刻技术 ·· 19
2.2　EUV 光刻技术 ··· 20
2.3　电子束刻蚀技术 ·· 21

2.4 纳米压印技术 ······ 22

2.5 定向自组装（Directed Self-Assembly）技术 ······ 23

第 3 章　EUV 掩膜技术 ······ 25

3.1 EUV 掩膜版制造技术 ······ 25

3.2 掩膜技术 ······ 33

第 4 章　纳米压印技术 ······ 43

4.1 纳米压印设备 ······ 43

4.2 纳米压印模板技术 ······ 51

第 5 章　电子束刻蚀技术与设备开发 ······ 58

5.1 可变形电子束刻蚀设备 ······ 58

5.2 多电子束刻蚀设备 ······ 68

第 6 章　定向自组装（DSA）技术 ······ 79

6.1 引言 ······ 79

6.2 DSA 技术中聚合物的自组装 ······ 79

6.3 DSA 工艺的基本步骤 ······ 82

6.4 DSA 工艺相关材料 ······ 84

6.5 DSA 工艺的模拟 ······ 86

6.6 DSA 技术的优势和挑战 ······ 87

6.7 结语 ······ 88

第 7 章　光刻胶材料的发展趋势 ······ 90

7.1 引言 ······ 90

7.2 光刻胶技术的转折点 ······ 90

7.3 曝光波长的缩短和光刻胶的光吸收 ······ 92

7.4 显影液的演变 ······ 93

7.5 感光胶的感光机制演变及对比度提高 ······ 95

7.6 分辨率限制与分子尺寸的考察 ······ 96

7.7 结语 ··· 99

第 8 章　含金属光刻胶材料技术 ·· 100

8.1 初期的含金属光刻胶 ··· 100
8.2 EUV 含金属光刻胶的特点 ·· 100
8.3 康奈尔大学、昆士兰大学、EIDEC 的含金属光刻胶 ··············· 101
8.4 含金属光刻胶的构成 ··· 103
8.5 俄勒冈州立大学、Inpria 公司、IMEC 的含金属光刻胶 ·········· 104
8.6 其他含金属光刻胶 ·· 105
8.7 含金属光刻胶的功能提升 ··· 106

第 9 章　多重图形化中的沉积和刻蚀技术 ····································· 108

9.1 多重图形化中沉积和刻蚀技术的作用 ································· 108
9.2 沉积技术 ··· 111
9.3 刻蚀技术 ··· 112
9.4 结语 ··· 114

第 10 章　光散射测量技术 ··· 115

10.1 引言 ··· 115
10.2 半导体光刻技术 ··· 116
10.3 反射光测量技术 ··· 116
10.4 散射计 ·· 117
10.5 优化方法 ··· 119
10.6 光散射测量分析的实例 ··· 120
10.7 结语 ··· 122

第 11 章　扫描探针显微镜技术 ··· 124

11.1 引言 ··· 124
11.2 AFM 的原理 ·· 125
11.3 各种 SPM 技术 ·· 127
11.4 SPM 的特点 ··· 129

11.5　SPM 的应用 …………………………………………………………… 130
11.6　结语 …………………………………………………………………… 131

第 12 章　基于小角度 X 射线散射的尺寸和形状测量技术 …………… 132

12.1　引言 …………………………………………………………………… 132
12.2　X 射线散射 …………………………………………………………… 132
12.3　小角度 X 射线散射的测量方法 ……………………………………… 137
12.4　测量示例 ……………………………………………………………… 139
12.5　结语 …………………………………………………………………… 141

第 13 章　MEMS 技术的微缩图形化应用 ……………………………… 143

13.1　引言 …………………………………………………………………… 143
13.2　EUV 光源滤波器 ……………………………………………………… 143
13.3　基于有源矩阵纳米硅电子源的超大规模平行电子束刻蚀 ………… 144
13.4　结语 …………………………………………………………………… 150

第 14 章　先进刻蚀技术概要——原子级低损伤高精度刻蚀 ………… 151

14.1　引言 …………………………………………………………………… 151
14.2　中性粒子束生成装置 ………………………………………………… 152
14.3　22nm 节点之后的纵向鳍式场效应晶体管 ………………………… 153
14.4　无缺陷纳米结构及其特性 …………………………………………… 154
14.5　原子层面的表面化学反应控制 ……………………………………… 156
14.6　结语 …………………………………………………………………… 161

※ 本书中提到的公司名称、产品名称、服务名称均为各公司的注册商标或商标，但在本书中并不都附以®或 ™ 等标识。

绪 言

半导体微缩图形化技术与光刻技术

1 引言

随着半导体的发展，我们的生活在过去几十年中发生了巨大变化。50年前，研究人员家中的电器只有收音机和电视机，通信设备也只有电话。即使在办公室，打字机和计算机也并不普遍，只有一些大型企业能够使用大型计算机。而如今，个人计算机几乎已经成为普通家庭的必备之物，性能远超当年的大型计算机，不仅具备计算能力，还能进行通信，另外，只有手掌大小的智能手机也早已在社会生活中普及开来。这一切背后的支撑技术之一就是半导体。

2 微缩化的指导原则及其效果

1965年4月，英特尔的创始人之一戈登·摩尔（Gordon Moore）在仙童（Fairchild）公司的研发部门工作期间，在 *Electronics* 杂志上发表了一篇指导半导体技术发展方向的论文。这篇文章提出了著名的摩尔定律[1]。图1展示的就是摩尔定律的内容（箭头是笔者添加的）。这幅图显示：随着时间的推移，半导体微加工技术的发展将使芯片上的半导体元件数量增加，晶体管的平均成本将会降低。文章预测，成本的降低必将使计算机进入普通家庭。

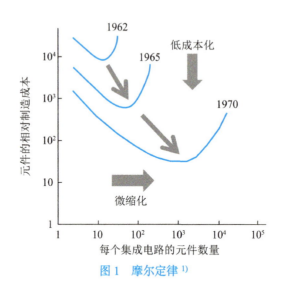

图 1　摩尔定律 1)

图 2 展示了半导体中最小加工尺寸及微处理器工作频率的发展历程 2)。如图 2 所示，尽管元件尺寸不断缩小，但由于器件发热带来的限制，时钟频率已经出现了饱和趋势。

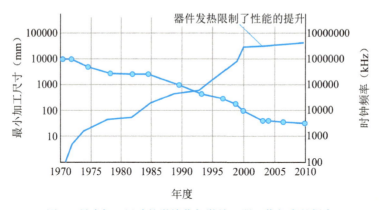

图 2　最小加工尺寸的微缩化与微处理器工作频率的提高

但从系统的角度来看，研究人员对处理器速度的要求仍然不断提高，于是采用了多核并行工作的技术来加快计算速度。因此，芯片上的晶体管数量至今仍在持续增加。

微缩化带来的最大好处是降低成本。图 3 显示了随着微缩化的推进，每个晶体管的成本以及每块芯片上晶体管的数量变化 2)。从图中我们看出，每个晶体管的成本相比于最初已经骤减了 1 亿倍，如前所述，这正是高性能计算机普及到普通家庭的推动力。晶体管的尺寸从 10μm 级别缩小了 1000 倍，来到了 10nm 级别，而面积缩小了 100 万倍。当然，除了微缩化（即光刻技术）以外，其他工艺技术、器件技术，以及晶圆尺寸的增大、芯片尺寸的增大等，也为降低成本做出了贡献，但总的来说有一点是非常清楚的：面积的缩小带来的贡献是最大的。这样看来，摩尔定律所具有的经济意义，远超其技术意义。但早年间，光刻技术主要采用接触式曝光技术，微缩化并没有明确的指导原则，而是由材料技术发展所带来的工艺进步来支撑。

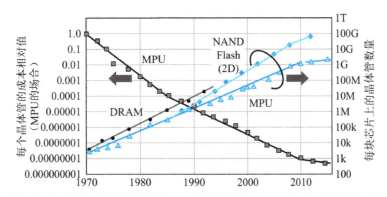

图 3　集成电路芯片上晶体管数量增加，微处理器（MPU）中每个晶体管的成本下降

相比之下，IBM 的罗伯特·丹纳德（Robert Dennard）在 1974 年提出的缩放定律（Scaling Law）为金属氧化物半导体场效应晶体管（MOSFET）的微缩化提供了明确的技术指导原则，如图 4 所示。这个时代，光刻技术也发生了重大变化[3]，从接触式曝光发展到投影式曝光，尤其是缩微投影曝光技术的开发，为器件的微缩化提供了明确的指导原则。

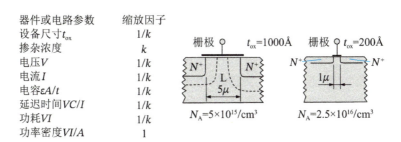

图 4　Dennard 缩放定律[3]

根据瑞利判据（Rayleigh Criterion），分辨率取决于曝光波长和投影光学系统的数值孔径（N_A）[4]。

$$R = k_1 \cdot \lambda / N_A \tag{1}$$

这里，R 代表分辨率，λ 代表曝光波长，N_A 代表投影光学系统的数值孔径，k_1 是由光刻胶材料或曝光方式决定的工艺因子。根据这个公式，我们可以看出，要提高分辨率 R，就需要增大数值孔径 N_A，缩短曝光波长 λ，减小工艺因子 k_1。

因此，缩放法则和瑞利准则提供了提高分辨率的明确指导，从而使微缩化真正成为可能。这种微缩化使摩尔定律得以实现，也为半导体的高度集成化、高性能化、低成本化和低功耗化提供了原动力。

各种工艺技术和器件技术支持着高度的集成化，但光刻技术的发展是其中最核心的要素。这里的光刻技术是一个综合的概念，包含了光刻机技术、光源技术、光刻胶技术、掩膜技术、掩膜版制作技术，以及加工后的图形评估技术等一系列基础技术。此外，将光刻胶图形转移到基板上的干法刻蚀技术也为微缩化做出了重要贡献。时至今日，多重图形化技术已经成为微缩加工的核心，这将在后面介绍。

3 光刻技术的发展及其困难

在过去 50 年中，光刻技术多次遇到分辨率的瓶颈，解决办法都是通过提高数值孔径（N_A）、缩短波长等手段，来提升分辨率。然而近年来，数值孔径和缩短波长这两种手段也已经用到了极限，虽然研究人员尝试了各种方法来提升分辨率，但在过去几年并没有明显的进展。

半导体器件微缩化的需求还在提高。为了解决困难，研究人员引入了多重图形化技术，以应对器件的微缩化需求[5)6)]。多重图形化的方法大致可以分为分割法（Pitch Split）和间隔法（Sidewall Spacer）两种。

分割法，我们以双重图形化为例来讲解。首先将图形中的条纹根据相邻关系分成两组，然后按照图 5（a）所示的方式将其分割成两个层次的图形。如果无法分割，就需要调整部分图形的形状以实现分割。工艺流程如图 5（b）所示。首先在硅基片上形成加工层和牺牲层，并涂覆光刻胶。然后进行第一层图形的曝光和显影，并对其进行减薄处理（即缩小条纹尺寸），再将得到的图形刻蚀到牺牲层上。其次，再次涂覆光刻胶并进行第二层图形的曝光和显影。在这个过程中，需要非常精准地把第二层图形套刻在第一层图形上，这对于实现高精度的微缩化来说非常重要。再对第二层图形进行减薄处理。最后，把第二层图形和之前加工完成的第一层牺牲层图形一起刻蚀到加工层上，整个工艺就完成了。这项技术的特点在于它仍然适用于传统的二维图形，但套刻精度和减薄精度对条纹尺寸（条纹间隔）有很大的影响，这是一个困难所在。这里展示的工艺是双重图形化技术的一个简单示例，实际生产中有许多不同的样式。另外，重复这种思路，研究人员还可以实现更精细的工艺，例如四重图形化、八重图形化等。

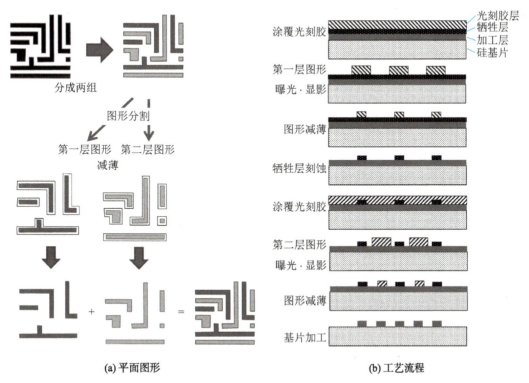

(a) 平面图形　　　　　　　　(b) 工艺流程

图 5　分割法双重图形化工艺

接下来对于间隔法，我们也用双重图形化为例来解释。该方法适用于简单的条纹/沟槽（Line and Space）图形。首先，用传统工艺加工出一定尺寸和间隔的光刻胶图形，如图 6 所示。然后对该图形进行减薄，使得条纹间隔与条纹宽度之比为 3∶1。然后涂覆一层加工膜，使其在条纹的两侧都形成侧壁。这里需要调整侧壁的膜厚，使其与条纹宽度相同。然后进行全面刻蚀，直接露出光刻胶层，基片上只保留光刻胶条纹以及侧壁。除去光刻胶，基片上只保留侧壁，其尺寸和间距都等于前面减薄后的条纹宽度。最后再次通过涂胶、曝光和刻蚀在硅片上刻出图形，然后除去侧壁，并获得所需的图形。这种技术的特点是不需要在微小的区域进行套刻曝光，因此不需要提高套刻精度。通过重复上述思路，可以推广到四重图形化、八重图形化等。

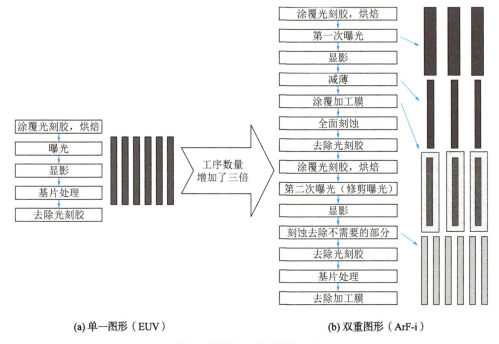

图 6 间隔法双重图形化工艺

这两个例子都证明，多重图形化技术可以实现传统工艺难以达到的分辨率。但问题是工艺变得非常复杂，制造成本非常高。此外，在分割法中，光刻机的套刻精度限制着整体图形的精度，因此提高光刻机的套刻精度也就变得非常重要。

4 下一代光刻技术及未来发展

各种尚在探索和研发中的下一代光刻技术（NGL：Next Generation Lithography），也叫后光刻技术，包括：EUV 光刻技术，以无掩膜光刻技术（ML2：Maskless Lithograpny）为代表的电子束刻蚀技术，纳米压印光刻技术（NIL：Nano Imprint Lithography），以及定向自组装（DSA：Directed Self-Assembly）技术等[7-10]。电子束刻蚀技术不仅适用于晶圆加工，还广泛应用于掩膜版绘制，并形成了一个技术体系[11,12]。电子束刻蚀技术的挑战在于其绘制速度较慢，因此量产应用尚未实现。在掩膜版的绘制方面也面临着同样的挑战，近年来出现了许多复杂的掩膜，甚至一整天都无法绘制完成一张掩膜版。为了解决这个问题，研究人员正在努力研发各种多电子束刻蚀技术[13,14]。通过多电子束刻蚀技术，即使是以前需要很长时间绘制的复杂的掩膜版图形，例如以前必须使用反演光刻技术[15]（ILT：Inverse

Lithography Technology）才能得到的掩膜，现在也可以在短时间内绘制完成，因此这项技术可能会促进新的光刻技术的改革。

此外，作为半导体微加工技术的发展，以 MEMS 为首的各种加工技术正在发展。本书将介绍这些应用技术，以展示光刻技术的最新发展情况。

文　献

1) G.E.Moore: *Electronics*, 38, 8 114(1965).
2) http://download.intel.com/pressroom/kits/IntelProcessorHistory.pdf.
3) R. H. Dennard 等: *IEEE J. Solid State Circuit* SC-9, 5 256(1974).
4) 久保田宏著：光学，岩波书店(1964).
5) S. D. Hsu 等: Proc. of SPIE, 4691, 476(2002).
6) C. Bencher 等: Proc. of SPIE, 7973, 79730K(2011).
7) 木下他：第 47 届应用物理学联合演讲会演讲予稿集, 2, 322(1986).
8) H. C. Pfeiffer, J. Vac.: *Sci. Technol.*, 12, 1170(1975).
9) S. Y. Chou 等: *Appl. Phys. Lett.*, 67, 3114(1995).
10) D. B. Millward 等: Proc. of SPIE, 9423, 942304(2015).
11) D. R. Herriott 等: *IEEE ED*-22, 7, 385(1975).
12) S. Okazaki 等: *Jap. J. Appl. Phys.*, 19, 51(1980).
13) E. Platzgummer 等: Proc. of SPIE, 8166, 816622(2011).
14) 松本裕史: NGL Workshop 演讲予稿集(2016).
15) E. Hendrickx 等: Proc of SPIE, 6924, 69240L(2008).

第 1 章

光掩膜

1.1 引言

　　光刻技术应用于半导体器件制造中至今已经半个多世纪了，其中光掩膜技术被视为一种非常高效的图形转移手段。例如，目前主流的光掩膜技术可以在 6in 晶圆上 100mm×100mm 的区域内绘制半导体器件的图形。如果把 1nm×1nm 的面积看作一个像素单位，那么这个区域里就含有 10^{16} 比特的巨大信息量，依靠光掩膜技术可以把这么大的信息量一瞬间转移到晶圆上。

　　因此，虽然也有人提出过直接利用光子或电子束在晶圆上绘制半导体器件图形的方法，但得益于其极高的效率，光掩膜技术至今仍然是半导体量产工艺中的主流[1]。图 1 就是一张光掩膜的照片，表面用一层防护膜（Pellicle）进行保护。

图 1　光掩膜（带防护膜）

　　光掩膜技术包含很广泛的内容，例如与光刻机激光光源波长的匹配，曝光光源和图形形状的优化，以及利用光强和相位提高分辨率等相关技术。这些内容将会在其他章节中进行介绍，本章主要将介绍光掩膜的基本技术。

1.2 光掩膜的起源

　　光掩膜自晶体管时代开始就被用作半导体器件图形转移的手段。最初使用的是类似于胶片的材料和技术，在玻璃基板或薄膜上用银盐绘制图形，称为乳胶掩膜（Emulsion Mask）。不仅是半导体器件，这种技术还用于印制电路板、彩色电视机荫罩（Shadow Mask）等产品的大规模加工。

　　最早的光刻技术是直接将光掩膜与半导体基板近距离接触的接触式曝光，因此乳胶掩膜可能由于多次使用而损坏，存在寿命方面的问题。后来为了应对图形的微缩化，同时也为了提高其物理强度，研究人员开发使用金属材料制作硬掩膜，并且投入了使用。

　　此外，为了避免光掩膜与晶圆直接接触，研究人员又开发出了非接触式曝光，以及在光掩膜和晶圆之间放置光学透镜的微缩投影曝光技术，还开发出了可根据晶圆尺寸调整光掩膜尺寸和图形的金属薄膜材料。

　　以下将详细介绍基于这种金属薄膜的光掩膜。

1.3 光掩膜的结构

　　光掩膜的基本结构包括两部分，就是作为支撑的基板，以及形成图形的薄膜。

　　传统的光掩膜是利用透射光进行图形转移的，因此要求掩膜的基板对所使用的激光是透明的。在半导体器件制造中，常使用玻璃基板，并根据光源波长和成本因素进行选择。

　　但是作为下一代光刻技术的极紫外光刻（EUVL，Extreme Ultraviolet Lithography），其掩膜图形的转移主要是依靠反射而非透射，掩膜版光掩膜就变成了反射层和吸收层组合的结构。另外，近年来发展迅速的纳米压印光刻（NIL，Nano Imprint Lithography）使用的光刻图形不是平面而是三维图形。

　　掩膜版使用的金属薄膜材料包括 Cr、MoSi 材料、Ta 等。此外，为了防止图形表面发生漫反射，常在上述金属薄膜表面镀上减反膜，有时还会镀上硬膜来增强图形加工时的刻蚀特性。

　　另外，在利用光的相位来改善图形分辨率和对比度的相移掩膜中，还有控制相位的相移层。

　　这些光掩膜基板和金属薄膜层的大致结构参见图2。

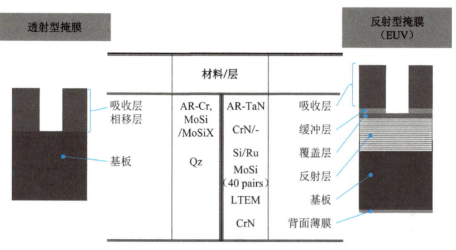

图 2　光掩膜的结构

1.4 光掩膜的制造工艺

光掩膜的制造工艺过程如图 3 所示，并且在此之前进行了图形数据的准备。

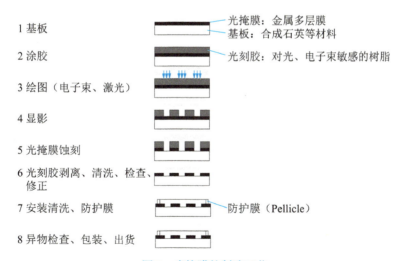

图 3　光掩膜的制造工艺

1. 光掩膜图形数据准备

光掩膜的图形数据设计过程如图 4 所示，从半导体器件设计数据开始，直至转换为合适的数据格式。在这个过程中，会进行图形精度、晶圆转移特性等方面的性能优化。其中包括光掩膜制作过程中的工艺偏差校正，光刻过程中的光学邻近效应校正（OPC），以及图形绘制设备中数据格式的转换。

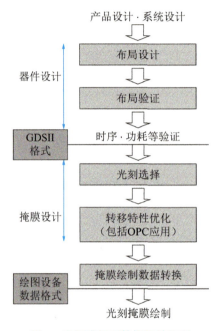

图 4　光掩膜图形数据设计流程

2. 掩膜版的制备

前面提到掩膜版的基板是玻璃材料，其上有金属薄膜，在此之上还需要涂覆感光材料（光刻胶），这样就制备了一张掩膜版。

玻璃基板是从更大的玻璃板上切割下来的，经过抛光和清洗，确保没有缺陷，然后在其表面主要通过溅射方法镀上所需的金属膜。确认这层金属膜上也没有针孔等缺陷，然后涂覆光刻胶。此外，如果之后是用电子束来绘制图形的话，有时会在光刻胶上再涂覆一层导电材料，以抑制电子导致的带电现象，以及对电子束的影响。

光刻胶是根据图形绘制方式和正负性来选择的，涂覆方式是旋涂。主流的光刻胶材料是具有感光基团的有机高分子树脂，但为了获得更高的图像分辨率，以及提高下层金属膜的刻蚀特性，也有人在研究低分子树脂和无机材料。光刻胶的正负性是指，在曝光和显影之后可以洗去的就是正胶，而在曝光和显影之后无法洗去而得以保留的就是负胶。

主要的光刻胶材料如表 1 所示。

第 1 章　光掩膜

表 1　光刻胶（感光材料）

曝光方式	正/负	反应机制	显影方式	特征
电子束	正型	主链切断	溶剂显影	高分辨率
		化学增强	碱性水溶液显影	高灵敏度
	负型	交联	溶剂显影	高刻蚀耐性
		化学增强	碱性水溶液显影	高灵敏度
激光	正型	DNQ/Novolac	碱性水溶液显影	高刻蚀耐性

3. 图形绘制

图形绘制是根据图形数据，通过一定形状的电子束高速扫描进行的。根据目标图形尺寸的不同，有时也采用激光进行高速扫描绘制。

此外，为了应对近年来半导体器件高度集成化带来的图形数据量增加，为了缩短绘制时间，多束绘制的绘图设备也正朝着实用化的方向发展。表 2 列出了主要的光掩膜绘制方式。图 5 展示了目前主流的可变矩形电子束，以及未来将要实用化的多电子束刻蚀设备的概要图。

表 2　主要的光掩膜绘制方式

曝光方式	扫描方式	电子束/光束形状	电子束/光束数量	加速电压/光源波长	主要供应商
电子束	矢量模式	可变矩形	1	50keV	NuFlare, JEOL
	栅格模式	固定圆形	约 26 万	50keV	IMS, Nanofabrication, NuFlare
激光束	栅格模式	固定圆形	数十	248nm	Applied Materials
	微反射镜阵列式（MMA）	固定圆形	约 100 万	257nm	Mychronic

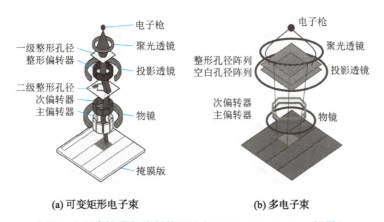

(a) 可变矩形电子束　　(b) 多电子束

图 5　电子束掩膜版绘制装置（由 NuFlare Technology 提供）

4. 烘烤、显影

图形绘制完成的掩膜版通过感光材料的显影，就能得到所需的图形。有些感光材料需要在显影之前进行加热处理，以确保光刻胶的图形化（例如化学增强型光刻胶），感光材料显影后还需要干燥，因此都会进行烘烤处理。

5. 刻蚀

为了将显影出的感光材料图形转移到掩膜的金属薄膜上，需要进行刻蚀。根据金属薄膜的种类和图形尺寸，刻蚀分为湿法刻蚀和干法刻蚀两种方式。

长期以来金属铬的刻蚀都采用湿法刻蚀，但由于刻蚀前后尺寸有较大的偏差，对于当前的精细图形尺寸精度控制来说困难较大，因此近年来干法刻蚀逐渐成为主导。

此外，对于难以进行高精度湿法刻蚀的材料，如 MoSi 薄膜、相移薄膜、石英基板等，也采用干法刻蚀方式。

6. 清洗

加工完成的掩膜版，需要除去不需要的感光材料和工艺过程中附着的杂质，因此要进行精密清洗。清洗方式包括湿法和干法两种方式。

湿法清洗就是依次使用酸、碱、机能水、纯水等，去除掩膜表面的有机物和杂质。同时常常辅以超声波、高压流、清洁刷等辅助功能。

7. 检查、测量

掩膜版需要进行的检查、测量主要包括缺陷检查、尺寸测量、位置精度测量。

8. 缺陷检查

掩膜上出现的缺陷可分为图形缺陷和杂质。它们都会在光刻时对半导体器件的性能产生致命影响，直接导致合格率下降，所以必须确保掩膜版没有缺陷。常常使用以下方法对整个掩膜的缺陷进行检查。

图形缺陷检查用于找出非图形设计带来的缺陷（会对半导体器件性能产生影响的掩膜残留、缺失等），检查方式包括：①Die to Die 检查，即相邻芯片之间的比较；②Die-to-Database 检查，即掩膜版图形与设计数据进行比较；③Die-to-Model 检查，即掩膜版图形与通过光学模拟转移到晶圆上的影像进行比较。Die-to-Die 检查常用于存储器等多芯片掩膜的检查，Die-to-Database 检查和 Die-to-Model 检查主要用于逻辑电路等单芯片掩膜与设计数据的对比。

缺陷的等级有时会根据缺陷尺寸进行划分，但现在一般趋向于考虑对晶圆的影响大小来划分，这种划分标准适用于缺陷尺寸变化为±（4%～10%）的范围。

异物检查一般是用于检查掩膜图形表面上存在的异物，或防护膜表面的异物，以及掩膜背面的异物。检查方法主要采用激光散射的方式。对于半透明状或高度较低、光散射较少而难以检测到的异物，可以同时采用反射光和透射光进行检测，通过差模信号检测出异物，或者在进行缺陷检查时进行反射光和透射光的检测，并主要通过反射信号检测异物。当前的挑战是，随着图形的微缩化、微小辅助图形的使用以及OPC（光学邻近效应校正）的应用，异物检查和图形缺陷检查同样需要提高分辨率和减少伪缺陷。这些检测设备的概述如表3所示。

表3 光刻掩膜外观检查方式

检验方法	类型	特点	主要设备供应商
图形缺陷检查	Die to Die	相邻芯片的比较检查	KLA-Tencor NuFlare LaserTech
	Die to Database	与芯片设计数据的比较检查	KLA-Tencor NuFlare
	Die to Model	与芯片设计数据的转移图形比较检查	Applied Materials
异物检查	散射光	模板/掩膜上的异物检查	LaserTech, KLT-Tencor

对于检查设备，未来的需求包括将检查波长缩短和提高分辨率（小像素化），以适应微缩化、以转移图形为基础的检查，以及通过减少数据校正误差和改善信噪比等手段提高检测灵敏度等，还包括超分辨率技术（相移/OPC）、提高生产效率等，因此需要极大的资源投入，这也是导致设备价格上涨的因素。为了不延误器件开发，今后需要积极促成器件制造商、设备制造商与政府之间的合作，共同推进研发工作。

9. 尺寸测量

掩膜版上器件图形的尺寸测量主要方法有光学法和SEM法。此外，AFM也是一种检测器件表面三维形貌的手段。根据测量对象的尺寸和所需的精度，选择不同的测量方法。

通常，测量设备的测量精度需要达到光刻掩膜版图形精度的1/4～1/5，目前这一精度已经达到了0.1nm以下。

目前主流的SEM法需要具备较高的测量精度和测量速度。为了提高测量精度，各家厂商都有自己独特的技术来解决其中的难题，例如向真空腔室内通入气体来减少电荷积累和污染的问题，或者通过安装像差补偿透镜等来提高分辨率。

此外，对于提高测量速度的需求，研究人员通过图形对准技术以及平台精度的提高，实现了自动测量，大幅提高了测量速度。另外，在工艺过程中，由于电荷积累，光刻胶图形长度的测量精度受到影响，因此需要进一步减少电荷积累。

AFM法就是利用原子力显微镜进行测量，对于高N_A和EUV光刻来说，通过AFM来保证掩膜版的横截面形状是必不可少的一步。未来，AFM 法预计还将提高操作性、精度以及检测效率。

近年来研究人员对掩膜版尺寸均匀性的要求变得特别严格，因此采用了在掩膜版表面进行多点测量的方法。未来期望 CAD 工具能够自动提取掩膜表面的关键部位，并开发出快速自动测量设备。

表 4 列出了尺寸测量的主要方法。

表 4　光掩膜测量方法

测量方式	类型	测量项目	特点	主要设备供应商
电子束	CD-SEM	图形尺寸	微小尺寸的高精度测量	Advantest Holon
探针	AFM	图形尺寸和形状	包括三维形状的图形尺寸测量	Veeco
光/激光	模拟显微镜	图形尺寸	模拟和测量转移图形的尺寸	Carl Zeiss
	激光干涉仪	图形位置	全掩膜版图形位置测量	KLT-Tencor Carl Zeiss

10. 位置精度测量

一般情况下，位置精度测量的精度要求与尺寸测量相同，需要达到图形精度的 1/4～1/5。最新的测量装置具有短波长、高焦距精度的性能，还配置了高分辨率激光干涉仪，以及抗环境干扰等功能，以满足所需的精度要求。

此外，由于采用了多重图形化技术，对高精度图形测量及其位置测量的精度提出了更高的要求。以前都是测量专门的对准标记，但现在要求能够对主芯片附近和实际图形进行直接测量。

11. 其他测量技术

其他测量技术包括：模拟掩膜版在晶圆上进行光学投影的模拟显微镜，位相转移掩膜的位相差和透过率的测量。

模拟显微镜可以获得掩膜版图形在晶圆上的投影光强度和 CD 值（特征尺寸），在生产现场主要用来确认需修复的部位。转移模拟装置可以设置与光刻机相同的 N_A、σ 条件，评估和分析掩膜版图形在晶圆上的转移情况，是掩膜版修复方面不可或缺的技术。除此以外，它还可以用于转移图形的 CD 测量和分析，是掩膜版材料开发的重要工具。

12. 缺陷修复技术

缺陷修复技术是指修复在掩膜制造过程中产生的缺陷，使其不会对晶圆转移产生影响的技术。缺陷修复技术是无缺陷掩膜版的关检技术。

缺陷修复包括去除多余物质的黑缺陷修复以及补全材料不足的白缺陷修复。此外，目前的修复技术主要包括激光照射、AFM 探针刮擦，以及带电粒子（FIB、EB）的方式。需要根据材料和图形线宽以及缺陷的类型和尺寸，选择最合适的修复方式和方法。表 5 列出了代表性的修复技术。

表 5　掩膜修正方法

修复方法	类型	目标缺陷	特点	主要设备供应商
带电粒子束	离子束	黑/白缺陷	微小缺陷修复	日立
	电子束	黑/白缺陷	微小缺陷修复	Carl Zeiss
机械式	AFM	黑/白缺陷	三维形状修复	RAVE
激光	YAG 激光	黑缺陷	低成本、高速	Laserfront Technologies

（1）黑缺陷修复

黑缺陷修复主要是利用激光照射缺陷区域使多余的掩膜材料升华，以及采用聚焦离子束（FIB）或电子束（EB）的气体辅助刻蚀（GAE）。使用 AFM 探针进行物理刮除的刮擦方式也具有实用性。

由于电子束的直径比 FIB 更小，因此 GAE 技术中 EB 比 FIB 能够进行更精细的加工，而且由于电子的质量更轻，可以减少对修复区域的损伤。未来，EB 技术还需要提高在各种掩膜材料加工过程中的稳定性。

AFM 探针刮擦技术不仅具有高修复精度，而且在高度控制方面也具有优势。因此 AFM 技术可以作为前述修复技术的补充，或者实现传统上难以修复的异物去除，这都是 AFM 技术的优点。

（2）白缺陷修复

基于 FIB 的气体替换技术是白缺陷修复的主流，但 EB 也可以实现白缺陷修复。此外，在半色调相移掩膜中，已经实现了透射率可控的修复膜的沉积技术。

13. 防护膜

防护膜可以防止光刻过程中掩膜版表面附着异物。防护膜的材料要求对光刻机的激光是透明的。膜层被固定在边框上。杂物如果附着在防护膜上，由于其位置远离透镜的焦点，因此不会在晶圆上成像。

防护膜的材料根据光刻机光源的不同，使用纤维素系或氟树脂系薄膜，透射率达到 99% 以上。

但是对于极紫外光刻（EUV）技术，由于其所用激光波长为 13.5nm，目前还不存在对此波段透明的有机薄膜材料，可以考虑的候选材料包括多晶硅和碳基薄膜材料等。然而，要获得超过 90%的透射率还是非常困难的，防护膜吸收光不仅会造成光刻晶圆产量下降，还会对自身的寿命造成很大的影响。未来的防护膜材料的开发值得关注。

14. 最终检查及出货

经过上述工序，带有防护膜的掩膜版产品最终将进行缺陷检查，包括确认防护膜下方是否有封闭异物等，确认无缺陷后才可装箱出货。

1.5 掩膜版的挑战及未来展望

半个多世纪以来，在众多技术的支持下，掩膜版已经确立为半导体器件制造中一项非常关键的技术。未来在技术方面的挑战包括：多重图形化对掩膜精度的严格要求；面向下一代光刻技术，如 EUV 和 NIL 的技术开发；需要持续推进的周边技术和设备开发。研发成本必将不断增加。另一方面，从市场的角度来看，大型半导体制造商的内部部门在掩膜版市场上的份额近年来已经增加到了约 60%左右，而掩膜相关设备供应商也呈现出寡头化的趋势，这使得构建一个成员广泛的技术框架变得更加困难。此外，半导体器件的微缩趋势放缓，同时像物联网（IoT）这样定制化、多样化的产品市场正在扩大，这使得研究人员对制造成本和效率的重视程度比以往更高。

因此，光刻机领域不仅需要引领先进半导体器件市场，还需要提供从多样化设备的开发到量产的全面解决方案，包括数据处理、材料等诸多因素。在此过程中，期望政府能把涉及光刻材料、设备、软件等领域的合作提高到国家战略层面上来，更好地推动半导体事业的发展。

文　献

1) S. Okazaki: High resolution optical lithography or high throughput electron beam lithography, Thetechnical struggle from the micro to the nano-fabrication evolution, Microelectronic Engineering, 133, 23-35(2015).

第 2 章

下一代光刻技术发展趋势

2.1 下一代光刻技术

1965 年英特尔创始人之一戈登·摩尔提出了"摩尔定律"[1]，半个多世纪以来它一直精准预测着半导体芯片集成度的发展水平。至今，大规模集成电路（LSI）仍然遵循着"每 18 个月翻一倍"的规律持续发展。1974 年，罗伯特·丹纳德提出了"随着 MOSFET 晶体管尺寸的等比例缩小，半导体器件单位面积的功率保持不变"，即"缩放规则"，为摩尔定律提供着理论支持。"器件尺寸等比例缩小"，即"微缩化"，是大规模集成电路发展的主要推动因素，其在设计和制造方面的基础技术就是"光刻技术"。

"光刻技术"一直支撑着大规模集成电路的生产，为了跟上摩尔定律的步伐，研究人员不断改进着现有技术来确保稳定的生产，同时也在开发新的技术应对未来的发展需求。而未来发展中最核心的技术就是最新的光刻技术，正如本章的标题，笔者称之为"后光刻技术"，或者"下一代光刻技术（Next Generation Lithography，NGL）"。

下一代光刻技术涵盖广泛，在本文中，我们将探讨以下这四种技术。

- EUV 光刻技术。
- 电子束刻蚀技术。
- 纳米压印技术。
- 定向自组装（DSA：Directed Self-Assembly）技术。

前两者都属于与曝光相关的技术，与本书中所说的光刻技术相关。通常，曝光分辨率主要是由曝光光源的波长决定的，图 1 展示了各种曝光技术在各种曝光波长下分辨率的理论极限。从图中可以看到，EUV 光刻技术采用 10nm 级的激光，而电子束刻蚀技术的波长比 EUV 还要低 4 到 5 个数量级，从而得到更高的分辨率。图中还针对每一种技术，都分析了其影响分辨率的主要因素以及相关的技术，希望能让读者对技术体系有整体性的了解。

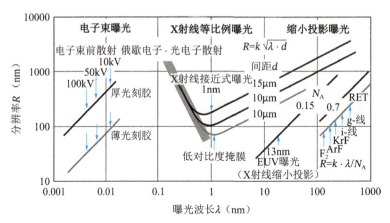

图 1　半导体曝光技术中曝光波长和分辨率的关系

后两者是不进行光刻而在晶圆上获得图形的方法。纳米压印技术利用微纳结构图形模板在晶圆上进行图形印制，有望获得低成本的高精密图形。DSA 技术则尝试将化学领域的"微观相分离"自组织现象应用在图形化中，再与光刻技术结合，有望获得超高的分辨率。

2.2　EUV 光刻技术

EUV 光刻技术的发展，源于 X 射线等比例光刻向微缩投影光刻的演变过程，以及光刻技术通过缩短波长，以提高分辨率的发展趋势。

X 射线等比例光刻技术始于 1972 年 H. I. Smith 等人的研究。该技术利用波长为 1nm 左右的软 X 射线源，以及能够吸收 X 射线的重金属材料掩膜版，用接近式曝光的方式将掩膜图形以 1∶1 的比例转移到晶圆上。所使用的射线源从最初的电子束激发 X 射线源，到后来的同步辐射源，X 射线等比例光刻技术在 20 世纪 90 年代末期发展成为具有高分辨率、高精度以及较高产量的新一代光刻技术，有望突破光刻技术的极限。然而，如果要将其应用于大规模集成电路的量产，就需要将当前的光刻掩膜版改变为与 X 射线对应的 1∶1 重金属掩膜版，而且多台光刻机要共享同一个同步辐射 X 射线源，都使这项技术难以得到应用。

但在同步辐射源光刻技术研究领域，"X 射线微缩投影光刻法"的可行性研究正在同时进行。实际上早在 1986 年，木下等人就实现了使用中心波长为 13nm 的同步辐射源进行 X 射线微缩投影光刻。到 2000 年后这项技术改称为"EUV 光刻技术"，并在全球范围内广泛开展相关研究。

13.5nm EUV 光刻技术，由于波长极短，根据瑞利公式，即使在较低的数值孔径（N_A）

下也能获得高分辨率，这是其最大的优势。从理论上讲，当 $N_A = 0.25$ 时，线宽可以做到 22~32nm，当 $N_A = 0.35$ 时，线宽可缩小到 16nm，如果 N_A 超过 0.4，线宽可以降到 10nm 以下。如此高的分辨率使得 EUV 光刻技术在超精细图形光刻方面被寄予厚望。

从曝光方式来看，EUV 光刻无非是微缩投影光刻的又一个种类，但从技术角度来看，它相比常规光刻技术已经取得了巨大的飞跃。EUV 光刻所使用的 13.5nm 极紫外光，在几乎所有物质中的透射率为 0（折射率为 1），因此无法使用透射式掩膜和折射式透镜，只能使用由多层膜层叠形成的反射式掩膜版以及多层膜反射镜。同样，由于 EUV 光刻只能在真空中进行，因此微缩投影光学系统、定位系统、掩膜和晶圆的工件台等都必须在真空环境下工作。此外，还存在许多特殊的问题，如掩膜和晶圆的固定、防尘措施、掩膜表面的阴影效应等，都需要专门的技术来解决。

由于诸多困难的存在，自从可行性得到确认以来，研究人员已经对 EUV 光刻技术进行了长时间且扎实的基础研究。进入 21 世纪，研究人员对"光刻技术的极限"的讨论越来越多，世界各地开始推动大规模研究，试图将 EUV 光刻技术引入大规模集成电路的制造中。如前所述，EUV 光刻技术的特有技术问题包括：反射式掩膜和反射镜上多层薄膜的生成、低畸变的反射光学系统设计和反射镜制造、掩膜基板和掩膜图形的缺陷检查、光刻胶形状维持和感光灵敏度的提高、EUV 光源的高功率化等，这些高精度、高性能都需要相关的技术开发来实现。

2.3 电子束刻蚀技术

经过加速的高能电子束照射到光刻胶上时，电子会引发光刻胶高分子的架桥（交联）反应或主链断裂（分解）反应。利用这些反应，光刻胶中会根据掩膜图形的样式产生潜在的影像，然后通过显影，就得到了所需的图形。图形的分辨率取决于照射电子在光刻胶内的扩散长度，理论上是非常高的。值得注意的是，由于电子束的波长非常短，因此不像常规的光学光刻技术那样容易产生衍射，从而限制了图形分辨率。因此，电子束刻蚀技术可以作为一种精细图形化的手段，应用于大规模集成电路生产。

首先，电子束刻蚀技术与许多其他光刻技术不同的一点在于，它可以基于图形数据生成图形，因此在大规模集成电路中一直被用来在掩膜版上制作掩膜图形。此外，无掩膜光刻技术（ML：Maskless Lithography）也在研究中，可以用电子束直接在晶圆上绘制图形。

利用电子束刻蚀技术，虽然在图形分辨率上并不存在问题，但在大规模集成电路这样高密度的图形绘制时，需要注意确保图形的精度。形成的图形形状是由曝光剂量（dose）所决定的能量分布情况决定的，但由于加速电子在光刻胶内或硅基板内的散射（前散射、后散射）使能量溢出图形以外并形成堆积，最终导致图形出现混乱。这种现象称为邻近效应（Proximity Effect），为了消除其影响并确保图形的准确性，研究人员研发出了各种校正技术。

电子束刻蚀技术的另一个重要困难是，由于图形是单电子束完成的，完成一张图需要很长的时间。换句话说，电子束刻蚀的弱点在于其晶圆产量很低，克服这一弱点，即"加速"，是电子束刻蚀设备开发的重点。

最初的电子束刻蚀设备的电子束是点电子束（Point Beam）的形式。点电子束能够最大限度地发挥电子束的分辨率优势，因此研究人员持续地在图像分辨率上努力，目前正在研发的是精度为几个 nm 的超高分辨率点电子束刻蚀设备。

为了提高图形绘制的速度，研究人员首先考虑了可变形束（VSB, Variable Shaped Beam）的方式，并开发了实用化的设备。具体而言，就是通过控制两个成形孔（Aperture）的相对位置以形成任意的四边形，然后一次性曝光形成所要求的四边形。此外，还可以把带有图形的镂空掩膜版作为成形孔，称为单元投影（Cell Projection）方式。将形成的单元图形放置在成形孔的位置，每发生一次曝光就把图形进行一次转移，以实现高速化。近年来，还提出了并行工作的概念，就是"多束（Multi-Beam）"和"多柱（Multi-Column）"。"束（Beam）"即电子束，"柱（Column）"指的是包括电子枪、透镜、偏转器在内的一整条电子通道。例如，可以在一个柱内布置孔阵列（Aperture Array），把单电子束分为数千到数万束（已经有人提出高达 100 万束的提案），实现单柱多束的工作方式，这样的设备已经开发出来。多柱并行工作也是可以的。甚至有人提出在某些柱内应用单元投影，形成 Multicolumn-Cell 的绘制方式，这项研究正在进行。

2.4 纳米压印技术

20 世纪 80 到 90 年代，半导体器件尺寸随着摩尔定律的规律不断微缩化。然而，随着晶圆尺寸的增大，光刻机的尺寸也随之变大，为适应精度和分辨率的提高，设备和各种配套设施都必须更新换代，这导致了光刻的成本急剧增加，成为一个令人头疼的问题。作为降低成本的一种方案，1995 年，S. Y. Chou 等人在硅片上形成的亚 25nm 节点图形被转移到 PMMA 薄膜上，这一事件使纳米压印获得了研究人员的关注。由于其图形的形成过程不需要光源和投影光学系统，因此被认为是一种低成本、高分辨率的微缩图形制备技术，从此在全球范围内都展开了积极的研发。

纳米压印技术可大致分为两种。首先是最初提出的"热压印法"，把带有纳米结构的模具（也称为模板、掩膜等）压在热塑性树脂薄膜上，经过加热、填充、冷却和脱模的过程形成微缩图形。研究表明，这种方法很容易实现 10nm 以下图形的转移，图形分辨率与工艺本身无关，只与模具的分辨率有关，只要能制备出足够精密的模具，就可以形成相应分辨率的图形，相比光刻技术，具有工艺简单、成本低廉的优势。

然而，在它的热循环过程中也存在一些问题，例如由于加热和冷却都需要时间，导致晶圆产量不高；温度差异会引起图形尺寸的变化；热膨胀会导致对准精度下降。为了解决这些问题，研究人员开发出了另一种方法，即"光压印法（极紫外压印法）"。该方法通过在基板上涂覆低黏度的光固化树脂，然后用透明的模具（如石英玻璃）进行压印，通过极紫外光（UV）照射使树脂固化，然后脱模以得到微缩图形。由于仅需要极紫外光照射就可以进行图形转移，因此相比于热压印，光压印法的晶圆产量很高，图形尺寸不受温度影响，紫外光可以透过模具因此对准精度提高。

由于在微缩图形形成和晶圆产量方面的优势，研究人员正努力把纳米压印技术引入到大规模集成电路的生产中，并已经开发出了相关的设备。该设备采用了与光刻机相同的"步进重复（step and repeat）"工作方式，由于引入了紫外光照射，因此被称为"步进-闪光压印"设备。

作为一种低成本的图形生成技术，纳米压印技术的应用范围是非常广的。例如可以在DVD和BD等廉价的光盘模板上通过压印获得图形，再制备所需的复杂器件。还可以制备带有台阶结构的模板，应用在半导体的镶嵌工艺（Damascene Process）中。纳米压印的应用范围还在不断扩大。

2.5 定向自组装（Directed Self-Assembly）技术

半导体微缩图形的生成主要依赖于"自上而下"的光刻技术，但随着加工尺寸逐渐接近光的衍射极限，技术和成本方面的限制也成为讨论的焦点。在这种情况下，利用物质自发形成结构的"自组装现象"作为一种"自下而上"的方法开始引起研究人员的关注。研究人员开始将高分子嵌段共聚物（block copolymer）的微观相分离现象应用于微缩图形的制作。将具有亲水性的聚苯乙烯（PS）和具有疏水性的聚甲基丙烯酸甲酯（PMMA）组合，旋涂在薄膜上，然后通过加热和冷却诱导微观相分离，两种聚合物链的分子量不同，产生了周期结构图形。在大规模集成电路工艺中，为了获得所需的图形，就必须在设计好的模板上控制自组装过程，这被称为定向自组装（Directed Self-Assembly）。模板是通过光刻法制作的（自上而下），在模板上实现自组装（自下而上），因此可以说DSA是一种典型的自上而下和自下而上相融合的技术。

图形的排列和控制方法主要有两种。一种是通过预先设计的模板结构，在空间上约束和控制自组织的"图形结构外延法"（graphoepitaxy）。在基板上使用光刻等方法形成大约数十纳米深的沟槽，在沟槽的侧壁上实现微观相分离，得到有序排列的微观区域。另一种是通过高分子嵌段共聚物的分子链与基板之间的化学反应来控制自组装的方法，称为"化学衬底外延法"。根据微缩图形的要求预先在基板上形成亲水和疏水的区域，然后通过微观相分离将材料在各自的区域上自组装，得到排列好的微缩图形。通过使用不同形状和结构的模板，如沟槽、圆形、方形、三角形、凹陷、柱状等，可以形成多样化的微缩图形，相关的研究还在积极开展中。

另外从上述说明可以看出，DSA 技术并不能单独应用于大规模集成电路工艺，而是必须与其他光刻技术结合以提高图形分辨率。虽然目前 DSA 技术仍处于基础研究阶段，但通过与其他技术的结合，它也有望在大规模集成电路工艺中得到应用。

文　献

1)　G. E. Moore: Coming more components onto integrated circuits, Electronics Magazine, 38, 8(1965).

第 3 章

EUV 掩膜技术

3.1 EUV 掩膜版制造技术

3.1.1 引言

EUV 光刻技术是公认的能够实现 16nm（半节距）以下工艺节点的光刻技术，研究人员正在以量产为目标积极推动其研发。为了实现 EUV 光刻技术的实际应用，高精度、无缺陷的掩膜版都是不可或缺的。

EUV 光刻掩膜版的结构和性能要求如图 1 所示。由于 EUV（～13.5nm）很容易被材料吸收，所以 EUV 光刻不能采用透射型掩膜版，而是采用了依靠多层薄膜进行反射的反射型掩膜版。为了有效地反射 EUV，反射薄膜由 Mo（钼）和 Si（硅）的多层膜组成，依靠折射率的差异产生多重干涉，增强反射。同时在需要的位置上用吸收体材料绘制图形，让 EUV 无法在其上反射。在掩膜版制造过程中，为了保护多层反射膜免受伤害（如吸收体刻蚀或掩膜版图形修正），在吸收体和多层膜之间插入了一层覆盖层（Capping）。覆盖层多使用 Ru（钌）材料，因为它具有卓越的抗腐蚀性。吸收体的材料主要采用 Ta（钽），它在整体的图形特性上表现优越，被广泛使用。掩膜版的基板是玻璃基板，采用低热膨胀玻璃材料（LTEM：Low Thermal Expansion Material），也称为零膨胀玻璃，最大限度地降低光刻过程中玻璃的吸热变形。在 EUV 曝光过程中，掩膜版通过背面的导电膜（例如氮化铬 CrN）被静电吸附，固定在工作台上。EUV 入射光以 6°的入射角入射到掩膜版表面，这样可以保证入射光和反射光光路分离，并且不影响转移图形的质量。

掩膜版的制作过程是，首先对玻璃基板进行研磨，在正面依次蒸镀多层膜和覆盖层、吸收体层，背面镀上背膜，最后在正面涂覆电子束刻蚀胶，制作完成。对于 EUV 掩膜版来说，技术上的难点包括：①高平整度玻璃基板（＜30nmPV，双面），②零缺陷多层膜（20nm 敏感度），③高 EUV 反射率（＞65%）。这些都是 EUV 光刻所特有的要求，与现行光刻工艺的掩膜版相比，要求都非常苛刻。本文将要介绍的是 EUV 掩膜版制造技术的最新情况和未来挑战。

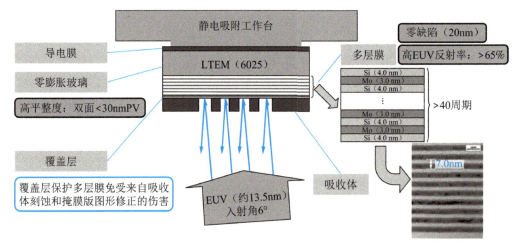

图 1 EUV 光刻掩膜版的结构和性能要求

3.1.2 玻璃基板材料

传统光刻工艺的掩膜版是透射型的。在 g 线（436nm）和 i 线（365nm）曝光的时代，掩膜版的玻璃基板采用过氧化铝玻璃和铝硅酸盐玻璃等。但到了 DUV 曝光的时代，采用 KrF（248nm）、ArF（193nm）光源，为了降低热失真、在曝光波长范围内提高透射率，研究人员用人造石英作为玻璃基板。而 EUV 掩膜版把热失真降到最低，要求使用热膨胀率比石英更小的玻璃，通常称为零膨胀玻璃，其中掺杂了 TiO_2 的 SiO_2 玻璃是 EUV 掩膜版的常见选择。

在 SEMI 标准[1]中要求热膨胀系数（CTE：Coefficient of Thermal Expansion）在 $0 \pm 5ppb/℃$（温度范围：19~25℃）范围内。石英玻璃具有 500ppb 的热膨胀系数。掺杂 TiO_2 的 SiO_2 玻璃是采用与合成石英相同的 CVD 法制成的，TiO_2 掺杂浓度约 7%，利用 TiO_2 的负热膨胀特性，实现接近零的热膨胀系数，属于非晶态玻璃，其密度、杨氏模数和折射率等特性与合成石英接近。美国康宁公司（Corning）和日本旭硝子公司（AGC）是这种零膨胀玻璃的供应商，据报道，它们的玻璃产品都能够实现 5ppb 以内的热膨胀系数[2,3]。

3.1.3 玻璃基板研磨工艺

在这里我们介绍一下对 EUV 掩膜版基板的平整度要求，以及通过研磨工艺实现的平整度质量和相关问题。表 1 中列出了 2011 年半导体国际技术路线图（ITRS 2011）[4]中对 16nm 工艺 DRAM 产品提出的掩膜版基板平整度要求，其中包括普通光掩膜和 EUV 掩膜。普通光掩膜中平整度主要受到曝光焦深的影响,只对掩膜版正面做要求,需要达到68nmPV(峰谷差值)的平整度。而EUV掩膜要求在正、背两面上都达到18nmPV的平整度。

焦深引起的影响与光学曝光相当,而掩膜版表面平整度误差(d)会对晶圆面位置偏差(IPE)产生较大影响,如图2所示。这是EUV曝光6°入射角导致的特有的现象,IPE与d的关系为$IPE = d \times \tan\theta / M$,其中$M$是掩膜图形缩小倍数,$\theta$是EUV的入射角度。

表1 光掩膜和EUV掩膜对表面平整度的要求

	16nm工艺	
	光掩膜	EUV掩膜
正面平整度 $142 \times 142mm^2$	68nm	18nm
背面平整度 $142 \times 142mm^2$	—	18nm

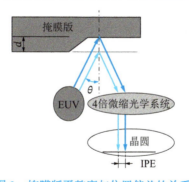

图2 掩膜版平整度与位置偏差的关系

例如,当入射角度为6°,倍数M为4倍时,18nm的平整度误差在晶圆上会导致约0.47nm的位置偏移。这样的位置偏移会导致套刻精度(Overlay)的恶化,实际上,晶圆上的套刻精度要求为3.4nm,掩膜版位置偏差(Image placement)要求为1.9nm,而EUV掩膜版的平整度要求值(18nmPV)其实是由这两者共同决定的。此外,由于EUV掩膜版使用背面的静电吸盘来固定位置,以背面作为基准面,因此背面也要求与正面具有相同的平整度。

接下来介绍研磨工艺对基板平整度特性的影响。目前,光掩膜的玻璃基板加工是同时对多块基板进行双面研磨,提高了效率。然而,这种方法在控制基板内和基板间研磨速率的均匀性方面存在限制,难以在基板内实现100nm以下的平整度。而为了制作EUV光刻用的玻璃基板,研究人员采用了局部研磨技术。局部研磨,也称为数控校正加工,用基板的平整度数据,精确控制基板的加工条件(加工点、加工时间等)。其加工方法主要包括离子束法、机械研磨、等离子体刻蚀等,这些方法在光学镜面加工中都被大量应用。

图3展示了通过局部研磨技术改善基板平整度的发展过程[5]。随着研磨工艺的改进,平

均平整度逐年改善，自 2013 年起，采用了 ASML 公司提出的方案，要求基板平整度达到与实际曝光区域接近，成为 30nm 量级的优质区域（Quality Area）。此外，最佳品质可以制作出 20nm 以下的平整度，但要保证稳定制做出理想要求的 18nm 却并不容易。另外，一种基于平整度数据对掩膜版位置偏移进行校正的技术被研发出来[6]。通过这种校正技术，30nm 左右的平整度质量也是可以接受的。此外，局部研磨工艺加工速度较慢，与现有工艺相比，明显降低了生产效率，因此提高产量和降低成本将是未来的重要任务。此外，平整度的测量采用激光干涉法，重复精度和参考面的精度测量有所提高，可以进行 30nm 以下的高精度测量。然而，工作台稳定性等因素会造成 10nm 左右的偏差，未来仍要克服这些困难。

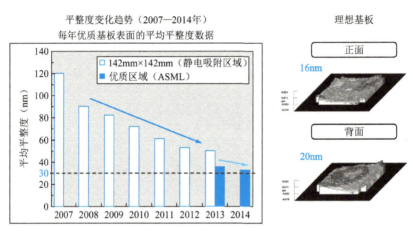

图 3　采用局部研磨工艺后玻璃基板平整度的变化及典型形貌[5]

3.1.4　多层膜

多层反射膜用溅射法在玻璃基板上堆积的 40 个周期的 Si 膜和 Mo 膜，最上层用 Ru 膜作为覆盖层。Ru 是对 EUV 透过率较高的材料之一，但始终无法避免地会产生一些吸收，降低 EUV 的反射率。为了把反射率损失降到最低，在保证耐久性的前提下，把 Ru 层的厚度降低到 2.5nm。

图 4 展示了典型的具有 Ru/多层膜结构在 EUV 波段的反射率谱。其中，反射率谱的中心波长与 Mo 和 Si 的总膜厚，以及 Gamma 值（Mo 膜层占总膜厚的比率）有关。通过精密控制 Si 和 Mo 的膜厚，可以得到期望的中心波长，使中心波长与光刻机中的反射镜波长特性相吻合，从而最大限度地提高曝光时晶圆表面的曝光量。中心波长的精确度必须控制在 ±0.02nm 以内。

例如，如果中心波长为 13.5nm，周期长度（单层 Si 膜和单层 Mo 膜的厚度之和）约为 7.0nm，那么为了把中心波长的精度控制在 ±0.02nm 内，周期长度也必须精确控制在 ±0.01nm（7nm ± 0.15%）以内。目前的技术水平，通过精密控制溅射速率，是能够制备满足要求的多层膜的。除了中心波长之外，还存在另一个很重要的参数，即反射率峰值，在基板表面（曝光区域内），反射率峰值均匀性要求保持在 0.3%以下。反射率峰值影响晶圆表面的曝光强度，因此与晶圆产量有很大的关系。反射率峰值受到反射膜周期数、Mo/Si 界面的扩散层膜厚、表面粗糙度、覆盖层材料和膜厚等因素的影响，其中减少界面扩散层膜厚对提高反射率的作用是最明显的。在光学反射镜领域，有文献报道过，可以在 Mo/Si 界面中插入防扩散层（例如 B_4C 膜）来提高反射率。但是在反射式掩膜版的情况下，这种方法容易导致薄膜质量和晶圆产量的下降，因此提高反射率峰值就变得更加困难。薄膜质量仍然需要进一步提高，从而提高反射率峰值和薄膜表面均匀性。

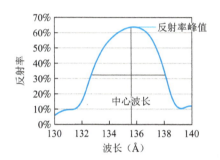

图 4　Ru/多层膜的 EUV 反射率谱

根据 ITRS2011，16nm 光刻工艺中，要求掩膜版上直径 26nm 以上的缺陷（相当于聚苯乙烯粒子的大小）数量为零。多层膜基板上存在各种缺陷，主要分为振幅缺陷和相位缺陷。振幅缺陷是在多层膜表面或膜中的异物，阻碍多层膜的反射。相位缺陷是由基板上微小的凹凸引起的多层膜的凹凸缺陷，虽然不影响保持多层膜的周期性（反射率性能），但是会在多层膜中产生微小的高度变化，根据模拟结果，即使是数 nm 以下的缺陷，也会导致 180°的相位变化，从而影响曝光时的图形尺寸。相位缺陷强烈依赖于曝光波长，因此 EUV 曝光（13.5nm）相比于当前的 ArF 曝光（193nm），前者的相位缺陷约为后者的 1/20。

举例来说，如图 5 中的右图所示，在 10%的特征尺寸（CD）允许误差下，宽 60nm、高 1nm 的缺陷也将形成非常致命的相位缺陷[7]，因此如何减少这类相位缺陷对于掩膜版缺陷控制来说，是相当重要的。另外，研究人员正在努力研发缺陷检测设备，以检测出这样微小的缺陷。宽 60nm、高 1nm 的缺陷等效于 20nm 尺寸的颗粒，通常用光学缺陷检测设备就可以检测出来。

共焦明场检测对微小缺陷的检测灵敏度非常高，非常适合掩膜版的缺陷检测。目前，在市场上销售的检测设备中，M8350 检测机（Laser Tech 出品）以其 35nm 的高灵敏度而著称[8]。这种类型的光学检测设备不仅适用于多层膜，还可以以相同的灵敏度对玻璃基板进行检测。KLA-Tencor 公司也正在开发高灵敏度的光学检测设备（Teron Phasur）[9]。它使用 193nm 激光，采用独特的算法以实现对微小相位缺陷的高灵敏度检测，具有 23nm 的等效灵敏度。光学检测根据光的波长有不同的穿透深度，但为了专门检测薄膜表面的凹凸异物，对于膜中或基板附近的缺陷源所产生的凹凸缺陷，存在灵敏度较低的问题。由于EUV曝光必须使EUV深入多层膜并发生反射，因此也可以用EUV来检测深层位置的缺陷。于是MIRAI项目中开发了暗场EUV检测设备[10]，随后在Selete项目（2007～2011年）中进行了全曝光场实证，并在EIDEC项目（2011～2015年）中委托Laser Tech开发，最终完成了ABI（Actinic Blank Inspection）检测设备。如图5左图所示，ABI设备具有16nm的等效灵敏度（相当于1.1nm高×40nm宽），已经获得验证，满足16nm工艺节点所需的缺陷检测灵敏度。

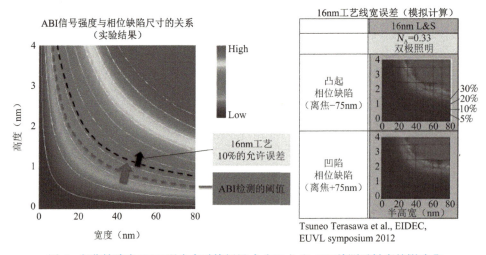

图5 相位缺陷在EUV曝光中对特征尺寸（CD）和ABI检测灵敏度的影响[7]

接下来介绍目前掩膜版常见的缺陷情况。为了持续减少缺陷，对在缺陷检测设备中检测到的缺陷分析缺陷种类，寻找其原因，并反馈到工艺中加以改善，如此不断循环。掩膜版中存在各种类型的缺陷，典型的缺陷横截面TEM（透射电子显微镜）图像如图6所示。在膜中的异物通常是振幅缺陷。微小的凸起（bump）缺陷的根源在于玻璃基板上或多层膜中。粒状异物或高度小于几纳米的低矮缺陷来源于玻璃基板。此外，玻璃上的凹陷会直接传递到多层膜表面，形成凹陷相位缺陷。目前，这种由玻璃表面引起的缺陷相对较多，但膜中（由成膜引起的）的异物和膜表面的异物也非常多。分析出各种缺陷的成因，并采取相应措施，就可以不断改善缺陷情况。

图7用缺陷尺寸表征了薄膜品质的变化过程[11]。首先在60nm灵敏度的光学检测中得到了零缺陷的检测结果，然后利用Teron Phasur检测设备进行25nm及23nm灵敏度的缺陷改善，主要是通过玻璃基板研磨和多层膜成膜工艺的改进，达到了零缺陷的水平。近三年来，虽然掩膜版的缺陷水平不断降低，但要实现20nm以下零缺陷的量产化标准，还需对缺陷成因继续展开研究，不断改善工艺。同时，一种缺陷缓解工艺（Defect Mitigation Process）正在研发中，目的是把残存的薄膜缺陷掩盖在吸收体图案之下，从而避免其对曝光的影

响[12]。通过应用这样的工艺，即使存在大约 10 个缺陷，也可以在掩膜工艺中获得零缺陷。实现这一工艺，就必须在掩膜版上形成所谓的"基准标记"（Fiducial Mark），实现高精度的缺陷管理工艺，基准标记的生成以及高精度缺陷位置的检测都是必需的。举个例子，为了将 30nm 的缺陷隐藏在 16nm 工艺的吸收体图形（64nm 的线宽）中，需要 20nm（3σ）的位置精度。目前在 EIDEC 项目中，ABI 检测已经达到了 20nm 的检测精度。未来将使用带有基准标记的掩膜版，并在掩膜工艺中避免缺陷，从而进一步实现零缺陷的目标。

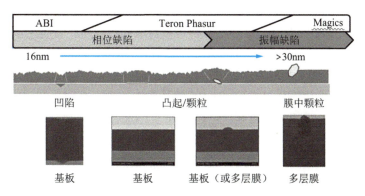

图 6　典型的多层膜反射式掩膜版的剖面 TEM 图像[11]

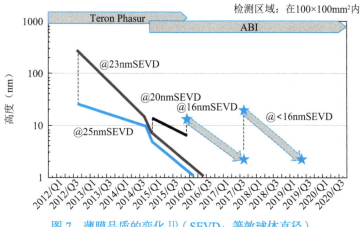

图 7　薄膜品质的变化[11]（SEVD：等效球体直径）

3.1.5　吸收体·背膜

EUV 掩膜版上的吸收体材料必须对 EUV 具有高吸收率，同时还要具有良好的微加工性能，便于修正和检查，对清洗等工艺具有耐久性。透射型光掩膜版主要采用铬（Cr）作为遮光材料。到了 EUV 反射型掩膜版，虽然也可以继续使用铬作为吸收体，但钽（Ta）对 EUV 的吸收率更高，且具有良好的微加工性能。因此在 EUV 掩膜版上，通常采用 Ta 材料作为吸收体[13]）。具体而言，TaN 和非晶材料 TaBN[14]已经开发完成。就 16nm 工艺节点的晶圆量产而言，目前的 Ta 材料可以满足需求。但为了进一步微缩化（13nm 工艺节点以下），吸收体需要实现薄膜化，因此新型的镍（Ni）吸收体正在被研发[15]。掩膜版的背膜由于静电吸附的需要，要求电阻在 100Ω 以下，目前广泛使用的是氮化铬（CrN）材料。但为了继续改善静电吸附性能，Ta 系材料（TaB）也正在研发中[11]。

3.1.6 结语

EUV 掩膜版由零膨胀玻璃、多层反射膜、覆盖层和吸收体、背膜组成，其发展旨在实现 16nm 节点及其后续器件的量产。零膨胀玻璃的材料特性，如热膨胀特性等，已经达到实际应用水平。目前的研磨工艺可以保证玻璃基板 30nm 的表面平整度，但要达到理想的 18nm 平整度，还需要继续开发研磨工艺。同时，平整度校正技术也有望达到实用化水平。多层反射膜的缺陷检测工艺，采用光学检测法已经实现了 23nm 的灵敏度，而在使用 EUV 的检测仪器（ABI）中，实现了 16nm 的灵敏度，刚好适应了 16nm 工艺的检测要求。多层反射膜的质量近年来得到了大幅的改善，尺寸 23nm 以上的缺陷数量为零，但在 20nm 以下尺度要实现零缺陷的话，还需要进一步改进工艺。此外，为了实现缺陷缓解工艺，还需要制作基准标记，实现对缺陷的高精度管理。吸收体材料的选择方面，Ta 系材料在掩膜和曝光工艺方面都表现出了优越性。

总体而言，EUV 掩膜版已经开发出了理想的材料，平整度和缺陷质量等问题也取得了实质性的改善。但是，为了实现 EUV 光刻工艺量产，还需要考虑各种实验结果和校正技术，以制定实用的掩膜版技术规格。

文　献

1) SEMI P37-1109 "Specification for Extreme Ultraviolet Lithography Substrates and Blanks" See http://www.semi.org.
2) Corning: https://www.corning.com/jp/jp.html.
3) AGC: http://www.agc.com/products/summary/1189843_832.html.
4) International Technology Roadmap for Semiconductors, 2011 (ITRS2011)；http://www.itrs.net/Links/2011Update/FinalToPost/08_Lithography2011Update.pdf (as updated).
5) T. Onoue et al. : EUVL Symposium(2015).
6) S. Raghunathan et al. : Proc. SPIE, 7488(2009).

7) H. Miyai et al. : EUVL Symposium(2014).
8) Lasertec: http://www.lasertec.co.jp/.
9) S. Stokowski et al. : Proc. of SPIE, 7636(2010).
10) T. Terasawa et al. : Proc. SPIE, 5446, 804(2004).
11) T. Onoue et al. : EUVL Symposium(2016).
12) J. Burns et al. : Proc. of SPIE, 7823(2010).
13) G. Zhang et al. : Proc. SPIE, 4889, 1092(2002).
14) T. Shoki et al. : Proc. SPIE, 4754, 94(2002).
15) Y. Ikebe et al. : EUVL Symposium(2016).

3.2 掩膜技术

3.2.1 EUV掩膜的结构

关于EUV掩膜版的产品规格，美国半导体制造技术联盟（SEMATECH）主导进行了各种技术研讨和标准化尝试，最后在2002年，SEMI公司发布的SEMI标准（P38）被敲定为第一个版本。然而到了2010年，一次投票把该标准正式废除[1]。

之后，EUV光刻机生产厂商ASML公司整理了光刻机对EUV掩膜版的要求。

根据这些规格和要求，目前普遍使用的EUV掩膜版的横截面结构如图8所示。作为一种暗场掩膜，它是在吸收膜上选择性地进行刻蚀，让下层露出的反射区域把EUV光发射出去。

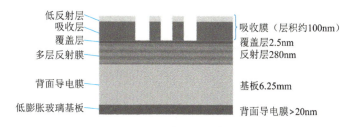

图8 EUV掩膜版的横截面结构

在EUV光刻机中，曝光光线以6°的倾斜角入射到吸收膜上，反射层以6°的反射角反射光线。反射出来的光线通过投影光学系统面积被缩小为1/4，然后在晶圆上曝光。

由于掩膜上的EUV入射光有倾斜角，而吸收膜的图形有一定厚度，这将对光线产生一定的遮挡，从而导致晶圆上曝光量不足的问题。这种现象被称为阴影效应。尽管把吸收膜减薄可以减轻阴影效应，但仍然无法根除。而且减薄吸收膜后，吸收膜表面的反射率会提高，吸收膜上反射出的 EUV 也会对曝光产生不良影响。因此，近年来有研究人员提出了一种无吸收膜的槽形掩膜结构，如图 9 所示 [2)-4)]。

这种槽形 EUV 掩膜版与通常的带吸收膜的 EUV 掩膜版不同，从根本上消除了阴影效应。这种结构不会出现X和Y方向的图形尺寸变化等问题，也不需要考虑吸收膜上的反射问题。但另一方面，这种结构需要在一定厚度的多层反射膜上进行垂直方向的刻蚀，随着图形尺寸的减小，刻蚀的纵横比会越来越大，因此对于制造工艺和清洗时的物理耐久性来说可能存在问题。

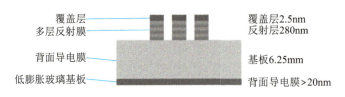

图 9　槽形 EUV 掩膜版的结构

3.2.2　EUV 掩膜的制造流程

图 10 是 EUV 掩膜的一般制造流程。与普通的光掩膜版相比，EUV 掩膜版在结构上有很多特殊之处，例如多层反射膜和背面导电膜等，但两者的制造流程基本上相似。

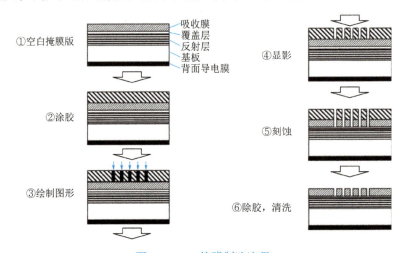

图 10　EUV 掩膜制造流程

首先，准备空白的 EUV 掩膜版。在其上涂覆光刻胶，并使用电子束（Electron Beam）刻蚀绘制掩膜版图形。然后进行显影，去除绘图区域的光刻胶。显影完成后，选择性地刻蚀吸收膜。对于光掩膜版，遮光材料通常是 Cr 或 MoSi，而 EUV 掩膜版的吸收膜使用的是 Ta 系材料，因此 Cr 或 MoSi 的刻蚀条件在这里不再适用。此外，由于进行不同材料的刻蚀可能导致杂质的问题，因此最好使用 Ta 系材料专用的刻蚀设备。最后，去除剩余的光刻胶，并进行清洗，EUV 掩膜版就制造完成了。

光掩膜版在制造完成后还要在表面安装防护膜（Pellicle），然后出货。但 EUV 掩膜用的防护膜还在开发中。如果开发完成，EUV 掩膜版也将安装防护膜后再出货（关于 EUV 掩膜用防护膜将在后文提到）。

3.2.3 EUV 掩膜的遮光带

在光掩膜版上，对于不想透光的区域，可以设置 Cr 遮光带等，从而完全阻断不需要的透射光。在 EUV 掩膜版上，吸收膜理想情况下应该 100% 吸收 EUV，但实际上吸收膜表面也会有大约 1%～3% 的反射率。不仅是在曝光图像的区域，在图像区域外围的吸收膜也会发生反射现象，从而对曝光图形造成严重的干扰。在光刻机内部，称为 REMA（Reticle Masking）刀片的物理快门被设置在图像场外围，以阻挡多余曝光光线。理论上，图像场的外围在光学上应该是暗场，但实际上由于 REMA 刀片的效果主要在遮光带区域的外侧一半位置，因此贴近图像场的区域会出现一些漏光[5]。图像场是在晶圆上依次曝光的，为了最大程度利用晶圆，在曝光时，场与场之间的间隙非常狭窄。由此导致的问题是，如图 11 所示，从图像场外围的漏光会与相邻曝光的漏光发生重叠曝光，导致晶圆上的图形尺寸发生变化。特别是对于图像场的四个角，会与相邻三个区域的漏光发生重叠曝光，对图形尺寸的干扰非常大[6]-[9]。

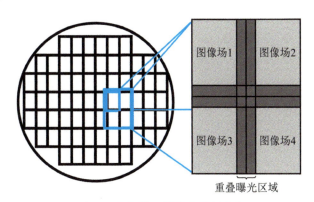

图 11　遮光带区域的重叠曝光[9]

因此，虽然已经有研究人员提出了一些使遮光带区域在光学上提高吸收率的办法[10]，但目前被认为最现实且有效的方法是采用图 12 所示的深槽式遮光带。EUV 很容易被包括空气在内的各种物质吸收，只要没有多层反射膜，光线就不会从掩膜版上反射出来。挖深槽式遮光带，通过刻蚀将该区域的所有反射膜完全除去，就可以使 EUV 光被基板完全吸收，从而大大减少遮光带区域的反射[6]-[9]。

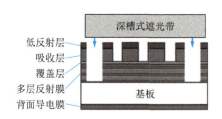

图 12　具有深槽式遮光带结构的 EUV 掩膜版

3.2.4　EUV 掩膜的缺陷

与光掩膜版相比，EUV 掩膜版具有超过 80 层的多层膜结构，因此非常复杂。EUV 掩膜上缺陷的发生机制必然比光掩膜更为复杂。

图 13 展示了 EUV 掩膜版可能出现的缺陷类型的概念图 [11]。

与光掩膜版相似，EUV 掩膜版可能出现凸起（吸收膜残留）或凹陷（吸收膜脱落）等外观缺陷。关于这些缺陷种类，基本上与光掩膜上发生的缺陷相同，可以通过现有的缺陷修复技术进行修复，如电子束（EB）修复、聚焦离子束（FIB）修复、激光修复、机械修复等。对于异物，如果多层反射膜表面有异物，曝光光线会被异物吸收，因此必须去除。此外，在深槽式遮光带上，即使反射膜只剩下几层，曝光光线也可能被反射，影响到晶圆上的相邻图像场，因此缺陷检测设备的灵敏度需要达到与图像场检测相同的标准。至于遮光带上的缺陷，与上述外观缺陷类似，可以通过现有的缺陷修复技术去除。

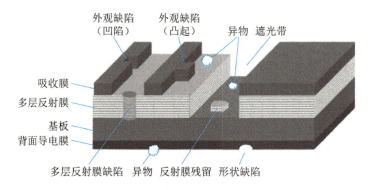

图 13　EUV 掩膜版的缺陷 [11]

掩膜背面可能会发生异物附着或凹凸缺陷。在光刻机中，EUV 掩膜版通过静电吸附固定在工件台上，因此，如果掩膜版背面存在异物，掩膜版可能会以异物为基点发生变形，影响曝光图形，例如图形套刻偏移。而且已经有报道表明，掩膜版背面的异物还可能通过工件台传递到另一块掩膜版上，使之发生同样的形变 [12]，如图 14 所示。

掩膜版的缺陷，不仅包括上述的吸收膜和背面的缺陷，还包括埋藏在多层反射膜中的缺陷。一般来说，掩膜版的制造商在交付产品之前，应该对多层反射膜中的缺陷水平做出保证。然而，多层反射膜由 80 层薄膜构成，包括最表面的覆盖层在内共 81 层，因此制造过程也很复杂。近年来，尽管缺陷数量大幅减少，但要获得无缺陷的掩膜版仍然是困难的，其中很可能还存在一些会对曝光产生影响的缺陷。

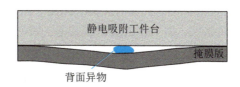

图 14　EUV 掩膜版背面异物导致的掩膜版变形

多层反射膜需要均匀地反射曝光光线（无论是在强度上还是方向上）。然而，在多层反射膜的制备过程中，如果基板上存在凹凸或异物，就无法形成均匀的多层膜，从而在局部产生扭曲。这种扭曲在层叠更多的膜之后略有缓解，会在掩膜版的最表面呈现出轻微的凹凸，但由于曝光光线透射到多层反射膜内部再发生反射，因此这些内部缺陷位置反射的光会与周围的光产生一些相位差。这些位置会在光刻时导致局部曝光强度减弱，可能引起芯片上的图形尺寸，或在图形连接方面产生缺陷。

与吸收膜表面的缺陷不同，多层反射膜内部的缺陷很难直接进行修复。为了确保缺陷不影响转移，研究人员提出了一些方法。例如，当缺陷对反射光的影响较小时，可以采用一种称为"补偿修复"（Compensation Repair）的方法 [13]-[15]。该方法首先了解缺陷的形状以及与图形的位置关系，然后通过模拟计算来确定缺陷对图形的影响程度，并计算出需要修复的程度，根据模拟结果，使用电子束（EB）修复设备等工具对吸收膜图形进行刻蚀，以抵消缺陷的影响。

然而，这种方法可能只对一些轻微缺陷有效，但对影响多个图形的缺陷来说可能难以应用。对于影响较大的缺陷，有研究人员提出了一种称为"缺陷缓解"（Defect Mitigation）的方法，将缺陷隐藏在吸收膜图形以下 [16]-[18]，如图 15 所示。

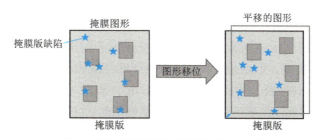

图 15　通过图形移位隐藏缺陷的方法 [16]

这种方法通过模拟软件将在掩膜版上的图形和掩膜版缺陷的位置重叠在一起，通过旋转或平移操作,将所有的缺陷隐藏在吸收膜图形以下,避免缺陷对图形的影响。然而缺陷数量过多的话,也无法做到完全隐藏,因此还是要尽量减少掩膜版缺陷的数量。

3.2.5 EUV 掩膜版的缺陷检查

影响 EUV 掩膜版转移特性的缺陷来自多种原因。然而,基本上可以认为图形缺陷和多层反射膜缺陷是最重要的两种缺陷。关于多层反射膜缺陷,如前所述,最好要有生产厂商对缺陷水平做出保证,但最终还需要通过合适的光刻制造工艺确保不会对晶圆产生影响。

在光掩膜版的缺陷检查中,通常同时进行基于 DUV(深紫外光)的透射和反射检查。然而,由于 EUV 掩膜是反射型掩膜,因此只能进行反射光检查,无法进行透射光检查。用于检查的光波长可以考虑以下 3 种。

首先是基于 DUV 波长(约 193nm)的检查,这在先进的 ArF 光刻掩膜版检查中也被使用,可以与光掩膜版检查设备兼容。对于光掩膜版,由于透射区的透射率和反射区的反射率数值差异明显,可以相对容易地对两种膜分别进行观察。然而,在 EUV 掩膜版检查中,由于吸收膜和多层反射膜对 DUV 的反射率相对接近,因此随着图形变小,图形的对比度可能减小,出现图像白黑色调反转现象(Tone Reversal),使得检查变得困难[19]。因此,各个 DUV 检查设备制造商通过偏振和离轴照明等照明方法来提高缺陷信号的对比度。

另一种检查方法是基于扫描电子显微镜(SEM)的原理,用电子束(Electron Beam)进行缺陷检查[20)-22)]。电子束检查的优点是,不会产生黑白色调反转,可以比较图形边缘从而进行检查。此外,由于使用了高分辨率的电子束,因此检查的放大倍数和灵敏度很高。然而,EB 检查的一个缺点是检查时间非常长,为了缩短检查时间,可能需要采用多束光源,这都是难度很高的开发。此外,SEM 本身是通过提取图形边缘的方法来工作的,对于像多层反射膜缺陷这样变化缓慢且非常小的缺陷,无法提取边缘,缺陷的指认有难度。因此,在使用这种检查方法时,必须考虑其他相关的检查手段,制定综合的检查流程。

最后要介绍的是使用 EUV 进行检查(Actinic Pattern Inspection)[23]。在这种方法中,由于检查波长与曝光波长相同,因此也不会出现 DUV 检查中图形色调反转的问题。此外,EUV 能够穿透多层反射膜并反射,因此对表面图形和多层反射膜内部都可以进行有效的检查。

但是它的最大难点在于,与光刻机一样,需要开发专门用于检查的 EUV 光源。虽然不需要像光刻那样的大功率,但也必须满足检查所需的亮度和长期稳定性要求。此外,使用 EUV 光的检查装置一样需要采用反射光学系统。由于 EUV 光检查装置与光掩膜检查装置在技术上根本不同,因此开发成本也是巨大的。遗憾的是,目前阶段尚未开发出这样的检查装置。随着将来 EUV 光刻技术在半导体制造中的应用越来越广,Actinic 缺陷检查装置也有望成为现实。但由于其高昂的设备成本直接影响掩膜版的成本,因此不仅需要从技术方面,还需要从成本方面慎重考虑检查的方法。

3.2.6 EUV 掩膜版的缺陷保证

在缺陷检查中发现缺陷，需要考虑其对晶圆图形转移的影响。对于非常小的缺陷，有时即使不进行修正，也不会对晶圆上的图形产生影响。但如果缺陷对图形转移有影响，就需要在修复缺陷的同时确认修复过的位置不会继续影响图形转移，然后才能出货。这对光掩膜和 EUV 掩膜来说都是必要的工艺步骤。

迄今为止，光掩膜的缺陷保证，通常使用德国蔡司（Carl Zeiss）公司制造的光学模拟器 AIMS™（Aerial Image Measurement System）来完成。AIMS™配备了模拟光刻机光学系统的观察光学系统，模拟出晶圆在曝光时的照明条件，观察掩膜的缺陷位置和修复位置，从而预测缺陷修复对图形转移的影响。然而，正如前文所述，EUV 掩膜版是反射型掩膜版，而且波长也不同，因此适用于光掩膜版的设备无法适用于 EUV 掩膜版。

EUV 掩膜版专用的光学模拟器正在研发中。2010 年，美国的 SEMATECH 联盟启动了一个名为 EMI（EUV Mask Infrastructure）的项目，旨在开发与 EUV 掩膜版相关的缺陷检查修复技术。EMI 项目中的一个开发内容 EUV-AIMS™，由 SEMATECH 的四家会员公司参与，并自 2011 年起由 Carl Zeiss 公司负责开发[24)-26)]。

EUV 掩膜版缺陷保证技术是 EUV 曝光技术实际应用所必需的，因此未来的发展趋势备受关注。

3.2.7 EUV 掩膜版专用防护膜

EUV 光具有容易被包括空气在内的所有物质吸收的特性。如果在 EUV 掩膜版上安装防护膜（Pellicle），防护膜也会吸收 EUV 光，因此一般认为 EUV 掩膜版上不能安装防护膜。而且由于 EUV 掩膜版是反射型掩膜版，如果在掩膜版上安装了防护膜，曝光光线也将首先透过防护膜照射掩膜版，反射后又一次透射防护膜，才能到达晶圆。这样曝光光线将两次透过防护膜，光强将大幅减弱。如果防护膜对 EUV 光的透射率为 90%，那么通过两次透射后，总透射率将为 90% × 90% = 81%。

此外，EUV 掩膜版在搬运和储存时可能处于大气压下，但在光刻机内部则处于高真空环境中。因此，每次掩膜版在光刻机中进行装载/卸载操作时，由于环境气压大幅变化，有发生异物附着的可能性。因此，一种称为"双层套筒"（Dual Pod）的特殊装置也正在研发中，专门在 EUV 掩膜版装载或卸载操作时对其进行保护[27)28)]。

正如前文所述，由于 EUV 掩膜在光刻机内以静电吸附的方式固定在工件台上，与工件台有接触，因此需要定期清洁掩膜版。传统的光掩膜防护膜是通过黏合剂黏合在掩膜版上的，当清洁掩膜版时，需要取下防护膜，并进行强力的清洗，以去除固定的黏合剂。但是将同样的方式应用于 EUV 掩膜版防护膜，可能在多次操作后会缩短掩膜版的寿命。

基于以上原因，EUV 掩膜版防护膜的方案一直没有确定。因此直到现在，拥有 EUV 光刻机的半导体制造商进行光刻机的曝光评估时，都是不带防护膜的。

关于 EUV 掩膜版防护膜最早的报告可追溯至 2006 年 [29]。其材料主要是对 EUV 透射率高的 Si 材料，构成网孔结构。该结构后来继续由防护膜的制造商进行开发，但尚未推向市场 [30]。

然而多家半导体制造商都报道，在曝光过程中 EUV 掩膜版的图形表面上会附着异物，因此 EUV 掩膜版防护膜的开发再一次加快。EUV 光刻机制造商 ASML 公司从 2013 年开始开发 EUV 掩膜版防护膜，而目前已经有多家公司和财团在参与其开发工作。

ASML 公司开发的防护膜采用了与传统光掩膜防护膜不同的结构，不使用黏合剂，而是具有机械固定和可拆卸的机制 [31,32]。根据这个结构，在掩膜版表面安装一些柱状凸起（Stud）的结构，并在防护膜框架上安装夹具（Fixture），与掩膜版的凸起之间紧密固定。这样防护膜就不与掩膜版表面接触，而是略有空隙，允许空气流动。

目前开发中的防护膜已经有一些候选材料。正如前文所述，希望防护膜具有较高的 EUV 光透射率，因此防护膜厚度要足够薄。同时，由于需要满足在搬运/处理过程中对冲击和气压变化的耐久性，因此需要选择同时满足各种要求的材料。

目前 ASML 公司正在开发的防护膜是由多晶硅制成的。然而，由于多晶硅薄膜的耐热性较低，因此公司已经开始研究新的材料，以适应高功率光源的要求。此外，比利时的 IMEC（Interuniversity Micro Electronics Center）研究中心正在进行基于碳纳米材料的开发 [33]。

因此，目前有多家公司和集团试图开发 EUV 掩膜版专用的防护膜产品。ASML 公司正在进行该项产品开发，同时也在进行减少异物的开发工作，预计在 EUV 光刻技术广泛应用于量产时，这些技术将共同推动 EUV 掩膜版基础产业的发展。

文　献

1) SEMI Standard P38: http://ams.semi.org/ebusiness/standards/SEMIStandardDetail.aspx?ProductID = 211&DownloadID = 1654.
2) K. Takai et al. : "Patterning of EUVL binary etched multilayer mask" Proc. SPIE, 8880, 88802M(2013).
3) K. Takai et al. : "Process capability of etched multilayer EUV mask" Proc. SPIE, 9635, 96351C(2015).
4) N. Iida et al. : "Etched multilayer EUV mask fabrication for sub-60 nm pattern based on effective mirror width" Proc. SPIE, 9984, 99840C(2016).
5) R. Jonckheere et al. : "Defectivity evaluation of EUV reticles with etched multilayer image border by wafer printing analysis" Proc. SPIE, 9658, 96580H(2015).

6) N. Davidova et al. : "Impact of an etched EUV mask black border on imaging and overlay" Proc. SPIE, 8522, 852206(2012).
7) N. Davidova et al. : "Impact of an etched EUV mask black border on imaging. Part II" Proc. SPIE, 8880, 888027(2013).
8) N. Fukugami et al. : "Black border with etched multilayer on EUV mask" Proc. SPIE, 8441, 84411K(2012).
9) Y. Kodera et al. : "Novel EUV Mask Black Border and its Impact on Wafer Imaging" Proc. SPIE, 9776, 977615(2016).
10) T. Kamo et al. : "EUVL practical mask structure with light shield area for 32 nm half pitch and beyond" Proc. SPIE, 7122, 712227(2008).
11) K. Seki et al. : "ENDEAVOUR to Understand EUV Buried Defect Printability" Proc. SPIE, 9658, 96580G (2015).
12) R. Jonckheere et al. : "Towards reduced impact of EUV mask defectivity on wafer" Proc. SPIE, 9256, 92560L(2014).
13) R. Jonckheere et al. : "The door opener for EUV mask repair" Proc. SPIE, 8441, 84410F(2012).
14) L. Pang et al. : "EUV multilayer defect compensation (MDC) by absorber pattern modification-Improved performance with deposited material and other Progresses" Proc. SPIE, 8522, 85220J(2012).
15) L. Pang et al. : "EUV multilayer defect compensation (MDC) by absorber pattern modification, film deposition, and multilayer peeling techniques" Proc. SPIE, 8679, 86790U(2013).
16) M. Lawliss et al. : "Repairing native defects on EUV mask blanks" Proc. SPIE, 9235, 923516(2014).
17) Pei-Yang Yan et al. : "EUVL Multilayer Mask Blank Defect Mitigation for Defect-free EUVL Mask Fabrication" Proc. SPIE, 8322, 83220Z(2012).
18) Y. Negishi et al. : "Using pattern shift to avoid blank defects during EUVL mask fabrication" Proc. SPIE, 8701, 870112(2013).
19) BC Cha et al. : "Requirements and Challenges of EUV mask inspection for 22nm HP and beyond" 2011 International Symposium on Extreme Ultraviolet Lithography(2011).
20) T. Shimomura et al. : "Native pattern defect inspection of EUV mask using advanced electron beam inspection system" Proc. SPIE, 7823, 78232B(2010).
21) M. Hatakeyama et al. : "Development of Novel Projection Electron Microscopy (PEM) system for EUV Mask Inspection" Proc. SPIE, 8441, 844116(2012).
22) R. Hirano et al. : "Extreme ultraviolet patterned mask inspection performance of advanced projection electron microscope system for 11 nm half-pitch generation" Proc. SPIE, 9776, 97761E(2016).
23) O. Khodykin et al. : "Progress towards Actinic Patterned Mask Inspection" 2015 International Workshop on EUV Lithography(2015).
24) U. Stroessner et al. : "AIMSTM EUV: Status of Concept and Feasibility Study" 2010 International Symposium on Extreme Ultraviolet Lithography(2010).
25) A. Garetto et al. : "Status of the AIMSTM EUV Project" Proc. SPIE, 8522, 852220(2012).

26) A. Garetto et al. : "AIMSTM EUV First Light Imaging Performance" Proc. SPIE, 9235, 92350N(2014).
27) J. Torczynski et al. : "Particle-contamination analysis for reticles in carrier inner pods" Proc. SPIE, 6921, 69213G(2008).
28) K. Ota: "Evaluation Results of a New EUV Reticle Pod based on SEMI E152" Proc. SPIE, 7636, 76361F (2010).
29) Y. Shroff et al. : "EUV Pellicle Development for Mask Defect Control" Proc. SPIE, 6151, 615104(2006).
30) S. Akiyama et al. : "Realization of EUV pellicle with single crystal silicon membrane" 2010 International Symposium on Extreme Ultraviolet Lithography(2010).
31) C. Zoldesi et al. : "Progress on EUV Pellicle development" Proc. SPIE, 9048, 90481N(2014).
32) D. Brouns et al. : "NXE Pellicle: offering an EUV pellicle solution to the industry" Proc. SPIE, 9776, 97761Y(2016).
33) I. Pollentier et al. : "EUV lithography imaging using novel pellicle membranes" Proc. SPIE, 9776, 977620(2016).

第 4 章

纳米压印技术

4.1 纳米压印设备

4.1.1 引言

本节将介绍面向先进半导体器件（例如 NAND 闪存、动态存储器等）量产应用的纳米压印设备，及其系统开发进展。

4.1.2 纳米压印设备开发的历史

成立于 2001 年的 Molecular Imprints 公司在半导体制造设备领域提出并注册了 J-FIL（Jet and Flash Imprint Lithography）技术，展示了通过压印方式进行微缩图形转移的可能性。该公司向一些半导体设备制造商推出了 Imprio 系列设备（见图 1），并成功获得了晶圆样品。

随后，佳能公司与 Molecular Imprints 公司展开合作，2014 年开发出了原型设备 FPA-1100NZ2（见图 2）。同一年佳能公司收购了 Molecular Imprints 公司的半导体制造设备部门，更名为 Canon Nanotechnologies，继续加速设备的开发。此外，他们还在开发世界上首个具有多个印刷头的集群压印装置 FPA-1200NZ2C。

图 1　450mm 晶圆纳米压印设备 Imprio 450

图 2　纳米压印设备 FPA-1100NZ2

4.1.3　半导体纳米压印设备的构造

1. 设备构造

图 3 展示了纳米压印设备的系统结构。它包括可以在平面上步进扫描驱动的晶圆的工件台,带着模板实现压印操作的工件台,用来滴注光刻胶的注射口,用于对准模板和晶圆曝光区的对准系统,用于固化光刻胶的紫外线照明光学系统,以及用于观察压印情况的相机。

与传统的微缩投影光刻设备相比,纳米压印系统不需要复杂的光源和投影光学系统,因此结构非常简单,设备的占地面积非常小。在前面所说的 FPA-1200NZ2C 系统中,4 个工件台就集成在了一台设备中。

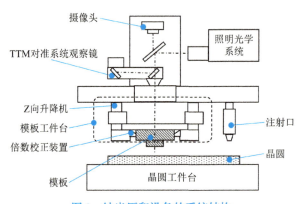

图 3　纳米压印设备的系统结构

2. J-FIL 法的工作方式

图 4 展示的是 J-FIL 法的工作过程,就是把模板上的图形转移到晶圆上的全过程。首先,如步骤①所示,在晶圆的转移区域(曝光区域)涂覆由低黏度紫外线固化材料组

成的光刻胶树脂。类似于喷墨打印的方式，通过从注射口中滴注光刻胶树脂，同时以扫描方式驱动模板工件台，让一定量的光刻胶覆盖在所需的区域。步骤②，将模板工件台降下，使模板压在光刻胶上。光刻胶需要一段时间才能完全填满模板上的图形空隙，这段时间称为填充时间。填充时间过去后，进入步骤③，用紫外线照射光刻胶，使其固化。最后是步骤④，将模板工件台抬升，使模板与光刻胶脱离。

这样就完成了一个曝光区（Shot）的处理，将模板上的图形转移到了晶圆上的光刻胶中。反复操作，让整个晶圆上都印满光刻图形。

J-FIL 法相对于整个晶圆一次性涂覆光刻胶的整体涂覆法来说，一大优势在于可以精确控制每个曝光区的光刻胶用量，从而有效地控制压印后的光刻胶残余膜厚（RLT：Residual Layer Thickness）。此外，对准测量和位置校正都是在光刻胶充填之后进行的，光刻胶的覆盖性能高于整体涂覆的方式。

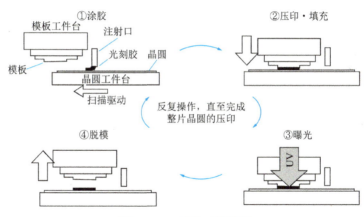

图 4 J-FIL 法的工作过程

4.1.4 纳米压印设备的性能

纳米压印技术相对于传统的光刻技术而言，能够精确再现高精度图形。但与此同时，也需要解决传统光刻设备所没有的一些性能挑战。本小节将讨论纳米压印设备的缺陷控制和套刻性能。

1. 缺陷控制

下面我们针对纳米压印设备内可能产生的缺陷，根据其发生原因进行分类和解释。

（1）固化前产生的缺陷

如前所述，J-FIL 法中，在将光刻胶树脂涂覆在晶圆表面后，将模具和光刻胶树脂充分压印在一起，确保光刻胶均匀充填到模具的图形中。压印和充填不能精确控制的话，可能会导致一些缺陷的产生。如果充填时间不足，那就无法保证所有的图形被完全充填，从而导致未充填的缺陷。此外，如果工件台的下降速度过快，气泡无法及时排出，就会残留在压印后的图形中。

延长印压和充填的时间，的确可以减少未充填缺陷，但这又影响到整体的工作效率。在纳米印刷设备中，优化工件台的驱动，降低光刻胶材料的黏度，减小喷墨器喷出滴液的直径，都可以在确保充填性能的同时缩短工作时间。图 5 显示了通过改进注射口和光刻胶材料，液滴体积的缩小以及充填时间的缩短过程[1]。在本文写作时，已经做到了体积为 1.0pL 的液滴在 1.5s 内实现完全充填。

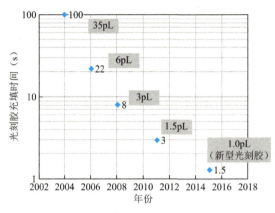

图 5　滴液量和充填时间

（2）固化后发生的缺陷

在图 4 所示的④脱模工序中，如果工件台上升时，光刻胶未能充分附着在晶圆上，或者光刻胶图形开裂并黏合在模板上，就会产生缺陷，无法获得所需的图形（如图 6 所示）。

纳米压印设备可以通过精细控制模板与晶圆之间的吸附压力、脱模时的姿态和速度等参数，来防止脱模时光刻胶从晶圆上剥离。此外，在材料方面，通过改善晶圆表面附着膜的强度、均匀性，以及改进光刻胶的黏性和减小脱模力等，可以防止产生固化后的缺陷。

图 6　固化后可能发生的缺陷

（3）颗粒物

在纳米压印设备中，颗粒物是一个大问题。如果压印系统中混入颗粒物，不仅会在混入的位置导致缺陷，而且在随后的压印过程中反复发生缺陷，最终只能更换模板。在降低纳米压印运行成本方面，颗粒物控制是非常重要的。

颗粒物混入系统的途径可能包括从光刻胶中进入，以及从系统外的尘埃进入系统。对于前者，可以在光刻胶液体循环系统内进行过滤，去除其中的纳米级颗粒物。对于后者，主要是防止颗粒物的产生，系统内各部分的表面材料至关重要。陶瓷材料在强度、重量、易加工性等方面有很多优点，因此在纳米压印设备中的许多地方都得到了应用。然而，陶瓷材料很容易产生颗粒物，如图 7 中的上图所示。通过佳能公司开发的表面处理工艺（抛光、涂层、热处理），可以大幅度减少颗粒物[2]，如图 7 中的下图所示。

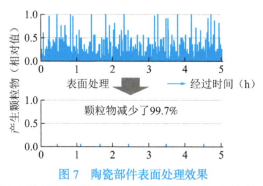

图 7　陶瓷部件表面处理效果

此外，对于设备空间中的悬浮颗粒物，可以优化局部气流控制（如图 8 所示）来防止其进入曝光区域[3]。

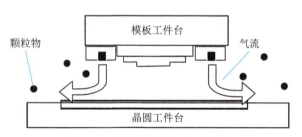

图 8　工件台周围局部气流优化

2. 套刻性能

传统的光刻设备是通过对晶圆上多个采样区的对准标记测量来实现位置控制，称为全局对准方式。而在纳米压印设备中，如果在压印处理之前进行全局对准，由于压印会导致掩膜发生不可预计的形变，因此要在纳米尺度实现精确对准就变得非常困难。所以需要设计一个能在压印过程中实时测量位置偏差，保证套刻精度的系统。

如图 3 所示的系统中，采用 TTM（Through the Mask）对准镜同时观察掩膜上和晶圆上的对准标记。这是一种可以测量 1nm 以下精度的光学系统，在压印和充填过程中可以实时检测掩膜和晶圆的相对位置偏移，并进行校正，从而实现良好的套刻精度。对于平移和旋转误差，可以通过对工件台的驱动来进行校正。对于曝光倍数误差，可以通过模板侧的倍数校正装置施加应力，从而产生相应的形变，实现校正。

与光刻设备不同，由于纳米压印设备缺乏投影光学系统和扫描设备，因此一般认为在纳米压印设备中难以校正曝光的高次畸变。然而，佳能公司开发出了高次畸变校正系统，通过测量晶圆上的热分布来校正高次畸变。图 9 展示了进行热校正模拟的结果。在实际的纳米压印设备测试中，研究人员结合高次校正系统和倍率校正装置，取得了良好的校正效果。

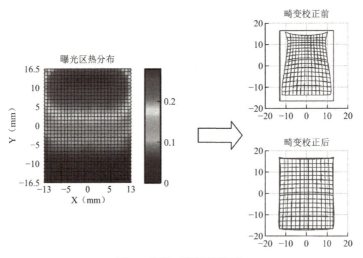

图 9　热校正模拟的结果

3. 生产效率

如前所述，在纳米压印方式中，必须确保足够的充填时间，才能减少固化前的缺陷。实际上，在图 4 所示的工作过程中，大部分时间用于压印和充填过程。目前，通过不断改进注射口和光刻胶材料，充填时间每年都在缩短。但研究人员仍然在考虑优化整个系统的结构，进一步提高晶圆的生产效率。

（1）集群系统

与光刻设备（特别是 EUVL 设备）相比，纳米压印设备的结构简单，设备占地面积非常小。通过将多套纳米压印设备集成在一起形成一个集群（Cluster），称为工作站（Station），从而提高单位面积的生产效率。FPA-1200NZ2C 就是一个拥有 4 套设备的工作站，可以同时进行晶圆生产，生产能力达到单一设备的 4 倍。这样的一个集群的占地面积也远远小于一台 EUV 光刻机。

（2）多图压印

目前，纳米压印的模板每次可以压印出一个曝光区的图形，如图 10（a）所示。其实在 152mm 边长的正方形模板上，可以包含多个尺寸为 26mm × 33mm 的曝光区图形。例如在图 10（b）中，就包含了 4 个图形。如果能在一次压印操作中同时转移 4 个图形，那么生产效率将大幅提高。为此，研究人员还在继续改进设备，包括提高对准校正和缺陷控制性能。

4. 设备成本

纳米压印方式的优点包括高精度的图形性能，和相对较低的系统成本。随着前面描述的各种性能的提高，微缩图形的制造成本可以进一步降低，相比于 EUV 光刻在内的其他晶圆生产方式更具优势。

152mm边长的正方形模板
1个26mm×33mm曝光区

(a) 普通的纳米压印

152mm边长的正方形模板
4个26mm×33mm曝光区

(b) 多图压印

图 10　多图压印模板

图 11 是为了以 15nm 半节距图形为例估算的每种制造工艺的拥有成本（Cost of Ownership）的对比图。与使用 ArF 浸没式自对准四重曝光工艺（SAQP：Self Aligned Quadruple Process）相比，纳米压印简化了光刻以外的其他工艺，从而可以减少 40% 以上的拥有成本。而与 EUV 光刻相比，纳米压印的设备成本降低，因此总成本更低。

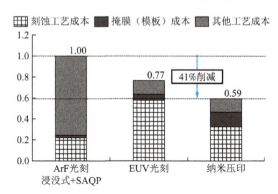

图 11　每种制造工艺的拥有成本比较[2]

4.1.5　模板复制设备

纳米压印所使用的模板在反复使用中会产生消耗。为了降低纳米压印的设备成本，提高模板的使用寿命当然是一个关键，但实现模板的低成本复制也很重要的。由于电子束刻蚀制造出的模板成本较高，因此可以使用这些模板作为母板，然后使用纳米压印方式复制出副本，也就是开发一种模板复制设备，从而实现低成本的模板供应。

模板复制设备可以采用与半导体纳米压印设备相似的系统结构。佳能公司基于 FPA-1100NZ2，开发了模板复制设备 FPA-1100NR2。

与晶圆上的压印相比，模板复制对于转移图形的形状失真控制有更高的精度要求，因此在模板复制过程中对压力控制、材料温度控制、工件台的姿态等方面进行了更多的改进。

4.1.6 纳米压印设备的未来

纳米压印技术中，图形设计的自由度和图形转移的高精度，对未来的半导体微缩化是有益的。与 EUV 光刻、多重图形化等工艺相比，成本大大降低。

纳米压印设备的性能每年都在飞跃提升，图 12 显示了纳米压印设备性能的进展情况。图中的数据是在本文写作时 FPA-1200NZ2C 设备所实现的数值。目前，对于 NAND 闪存和 DRAM 动态存储器这样的高冗余度器件，纳米压印已经达到了可应用的性能水平。如果能继续减少缺陷和颗粒，未来低冗余度的逻辑电路也可以采用纳米压印光刻技术。

图 12　半导体纳米压印设备的性能提升 [3]

纳米压印性能的提升不仅取决于设备的改进，还取决于模板、工艺和材料的改进与优化。半导体制造商、模板制造商、材料制造商和设备制造商正在紧密协作，共同致力于纳米压印设备性能的提升。

文　献

1) T. Ito et al. : "Nanoimprint System for High Volume Semiconductor Manufacturing; Requirement for Resist Materials", ICPST-33, 42(2016).

2) T. Takashima et al. : "Nanoimprint System Development and Status for High Volume Semiconductor Manufacturing", SPIE 2016 Advanced Lithography, 2(2016).

3) T. Iwanaga: "Nanoimprint System Development and Status for High Volume Semiconductor Manufacturing", Micro and Nano Engineering 2016 Scientific Program(2016).

4.2 纳米压印模板技术

4.2.1 模板是什么

在纳米压印光刻技术（NIL）中，与光刻技术中的光掩膜版相对应的元素就是模板，或称为压印模板。纳米压印的图形分辨率主要由模板决定，模板的制造是纳米压印的关键技术之一。压印模板和光掩膜版的基底材料是完全相同的，材料都是石英玻璃，通常被称为6025基底，因为它的面积是6英寸×6英寸，厚度为6.35mm（0.25英寸）。外形尺寸相同，是希望利用光掩膜版的制造设备来制造压印的模板。在光掩膜版中，通过刻蚀金属薄膜形成遮光膜，绘制出半导体电路图形；而在压印模板中，半导体电路图形是通过石英基板表面的凹凸形状形成的。

纳米压印所使用的模板，是从一块母板复制出来的模板，如图13所示。这是因为纳米压印中模板和晶圆紧密接触，非常容易损坏。用母板复制模板可以降低模板的成本。

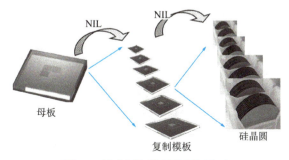

图13　纳米压印模板的使用方法

图14显示了模板的制造工艺流程。母板的图形是用电子束刻蚀得到的，而复制模板则使用专用的纳米压印设备。石英的刻蚀采用干法刻蚀技术。电子束刻蚀本来是在光掩膜版的制作中常用的技术。而石英干法刻蚀是Levenson在相移掩膜制造中开发的技术[1]。因此，可以说纳米压印模板的制造技术，是借鉴了光掩膜版制造技术中的电子束刻蚀和干法刻蚀，再结合纳米压印复制技术而形成的。

纳米压印模板质量的三个要素（缺陷、位置精度、尺寸精度）与光掩膜版相同。在本文中，我们将重点阐述母板和复制模板制造中的主要问题，即微缩图形形成、缺陷控制、位置精度以及尺寸精度。关于光掩膜版，请参考第1章的"光掩膜技术"。

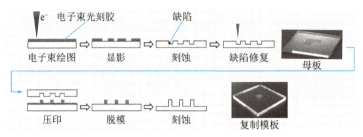

图 14　模板制造工艺流程图

4.2.2　母板技术

微缩投影光刻技术中，晶圆上的图形尺寸是掩膜版的 1/4。而在纳米压印光刻技术中，模板和晶圆上图形的尺寸是相同的。在初期阶段（2000 年），我们公司使用了具有出色分辨率的 100kV-SB（Spot Beam）点电子束刻蚀来绘制母板[2]。100kV-SB 可以实现半节距 20nm 以下的图形（如图 15 所示），用于纳米压印光刻的验证实验。然而它的晶圆产量很低，因此为了进行实用化开发，我们改用了加速电压为 50kV 的可变形电子束刻蚀设备 50kV-VSB，该装置是为光刻掩膜开发的。

图 15　电子束刻蚀形成的 hp18nm 石英母板的纳米截面扫描电子显微镜照片

在母板制造中最大的挑战是 hp20nm（半节距 20nm）以下的图形绘制，这需要高分辨率的电子束刻蚀工艺。因此，我们改进了传统的 ZEP520A（由日本 Zeon 公司制造）等传统光刻胶，以及低温显影等工艺来与之配合[3]，后来还研发了高分辨率电子束刻蚀光刻胶。母板刻蚀设备的分辨率也在提高，最近，多电子束刻蚀设备也颇受关注。有关电子束刻蚀技术的详细信息，请参考第 5 章"电子束刻蚀技术和设备开发"。同时有一些制造母板的备选方案，例如晶圆光刻工艺中已经实用化的侧壁法，还有自组装工艺等。

等比例压印的优点是需要的母板面积较小。微缩投影曝光在晶圆上的曝光区域大小为 26mm×33mm，由于是 4 倍微缩光刻，相应地在光刻掩膜版上就需要 104mm×132mm 的面积，几乎覆盖了 6025 基板的整个区域。但在纳米压印中，母板上的图形区域还是只需要 26mm×33mm。母板上的尺寸均匀性和位置精度要求都与晶圆曝光区相同，所以规格要求还是相当严格的，综合考虑，这些指标的难度可能与光掩膜版的难度相当，也就是说压印母板需要像光刻掩膜版一样无缺陷。因此，用干法刻蚀绘制完母板图形后，要通过外观检查找出缺陷，然后用探针法等修复母板上的缺陷。

4.2.3 模板复制技术

1. 了解模板复制技术

如图 14 所示，压印模板是使用压印法复制出来的。研究人员已经研发出了专门进行模板复制的压印设备，我们也是在 2010 年引入该设备，然后进行开发的 [4]。用于模板复制的纳米压印光刻技术与用于晶圆制造的技术基本相同，都是通过注射口将紫外线固化树脂滴在石英基板上，然后用母板进行压印。但相比于晶圆的压印工艺，模板的复制压印也有三个特点：

① 晶圆产量：在晶圆工艺中，需要提高生产效率，达到每小时 1000 片以上的晶圆产量。而在模板复制工艺中，只需要达到每小时几片即可，不需要大的产量，这是一个很大的优势，因为这样就可以有宽松的充填时间和紫外线照射时间，从而降低缺陷密度。

② 基板刚性：在晶圆工艺中，石英模板与薄的硅晶圆接触。而在模板复制工艺中，石英母板与石英基板接触，在进行脱模时可能导致基板的弯曲。从缺陷控制的角度来看，这是不利的因素。

③ 对准：模板复制不需要高精度的对准，这使得模板复制设备的结构也更加简单。

基于这些差异，模板复制专用设备已经被设计出来，而且其中使用的光刻胶也是专门设计的。

脱模过后，纳米压印的刻蚀区域中肯定会有残存的光刻胶。这部分光刻胶需要经过灰化（Ashing）除胶工艺，才能进入干法刻蚀，获得最后的复制模板。

2. 模板复制专用光刻胶

在光刻胶方面，我们依然从晶圆工艺和模板复制工艺两方面进行比较。虽然两种工艺的模板材料都是石英，但基板上的膜层是不一样的。在晶圆工艺中，基板表面通常是多层有机物薄膜，而在模板复制工艺中，基板表面是金属硬膜层。为了提高与光刻胶之间的黏附性，金属膜层需要进行表面处理，光刻胶材料也要进行优化。然后为确保光刻胶与金属材料的刻蚀选择比，需要提高光刻胶在固化后干法刻蚀的耐腐蚀性。由于模板复制对产量没有要求，因此在光刻胶的充填性和紫外线固化性方面要求也不高。

3. 模板质量

（1）缺陷

复制模板的大多数缺陷都是由压印过程引起的。未充填（Non-fill）缺陷是由于压印时光刻胶的流动性不足引起的，也与图形的密度有关。母板如果有缺陷，那么复制模板也会有缺陷，并且在复制过程中,原本无缺陷的母板上也可能产生新的缺陷,例如拉伸缺陷,就是固化后的光刻胶依然黏附在母板上而产生的。

我们公司在 2010 年引入了模板复制设备,并从 2011 年开始研究如何控制缺陷密度。最初的缺陷密度非常高,约为 10 万/cm²。于是我们进行了缺陷的分类和详细的原因分析,并根据分析结果采取了措施。例如,在拉伸缺陷中存在两种模式,如图 16 所示。图 16(a)中展示的是断裂缺陷,光刻胶断裂的顶端被母板带走。解决办法包括提高固化后光刻胶的机械强度等。图 16(b)中展示的是剥离缺陷,是指固化后的光刻胶膜层脱离了基板,解决办法是增强光刻胶与基板之间的黏合力。

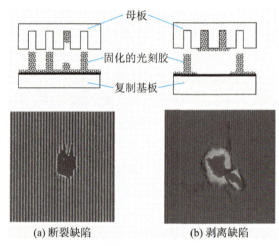

图 16　两种拉伸缺陷的 SEM 图片

为了减少未充填缺陷,关键是优化光刻胶滴注位置,以及光刻胶与母板之间的浸润性。采取对策后,截至 2015 年初缺陷密度已降至 0.9 个/cm²。缺陷的控制标准在图形尺寸变小时变得更为严格,这样的话,即使缺陷密度升高,仍然可以采取措施,确保复制模板的品质。

(2)位置精度

在评估复制模板的位置精度时我们发现,在复制模板上图形的转角部分存在明显的变形,而在母板上并不存在这样明显的变形,因此我们认为这是在压印过程中产生的。为了分析转角处的变形,我们进行了接触和分离时的模拟,如图 17 所示[5]。在这个模拟中,复制基板的转移区域端部具有台阶(mesa)结构,这是为了适应晶圆工艺中"步进-重复"的转移工作模式而专门设计的。这个台阶结构恰恰被发现是转角变形的原因。

在压印过程中存在两种力。一种是外部作用于母板和复制模板的力,是由设备提供的机械力。另一种力是母板和复制基板之间的光刻胶流体在受挤压后,与上下两个板之间产生的应力。在图 17（a）中，母板和复制模板互相靠近时，应力方向是向外的；而在图 17（b）母板和模板分离的时候，应力方向是向内的。两种力的平衡是问题的关键。但是应力的大小受到多方面因素的影响，例如光刻胶的材料特性，基板表面的特性，母板图形的大小和密度等，因此难以控制。实际上，我们通过实验找到了让应力变小的条件，并对设备的机械力进行了优化。结果，我们成功地将复制模板的变形在 X 方向降低到 2.00nm 以内，在 Y 方向降低到 2.48nm 以内，从而显著降低了转角处的变形。需要注意的是，图形中央区域的变形也在这一系列优化中同时减小了，但机制尚未明确[5]。表 1 为位置精度的优化结果。

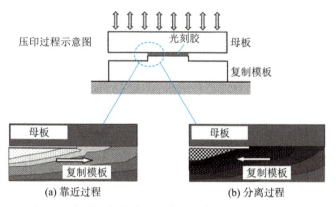

图 17　复制基板台阶上转角处的内部应力模拟结果

表 1　位置精度的优化结果

		母板	复制模板	
			优化前	优化后
位置精度 3σ（nm）	X	1.13	2.32	2.00
	Y	1.82	2.92	2.48
残余应力导致的变形分布情况				

(3) 尺寸精度

复制模板的尺寸均匀性主要受母板和刻蚀均匀性的影响。另外光刻胶残余膜厚 RLT (Residual Layer Thickness) 对均匀性也有影响。图 18 展示了 RLT 的变化与尺寸精度之间的关系。在纳米印刷过程中，母板和复制模板之间必定会残留光刻胶。为了后面的刻蚀，需要除去光刻胶露出基板。一般是用氧等离子体灰化除胶来除去光刻胶。如图 18 所示，B 处的光刻胶残余膜厚小于 A 处。除胶后，B 处的基板已经露出，而 A 处的尚未暴露，并且需要继续除胶直到图 18 (3) 所示的状态。这样，B 处残留的光刻胶的尺寸必定比 A 处小，刻蚀后的图形线宽等尺寸必定受到影响。减小残余膜厚对于降低误差来说是有益的，但一般认为将其减小到 10nm 以下是有困难的。残余膜厚的不均匀性，主要与基板的平整度、设计图形的布局（图形密度分布）、母板和复制基板在接触时的受力分布以及界面状态分布等因素有关。通过优化这些因素，可以改善残余膜厚的均匀性，从而一定程度上提高图形的尺寸精度。

随着转移图形的进一步微缩化，残余膜厚对图形尺寸精度的影响越来越大。截至 2015 年初，如图 19 所示，尺寸均匀性实现了 1.5nm 的精度（3σ）[5]。

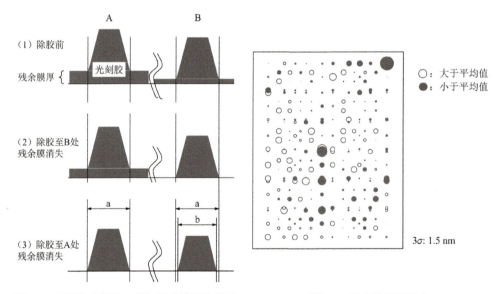

图 18　光刻胶残余膜厚度与尺寸精度的关系　　图 19　尺寸精度的分布

(4) 模板品质总结

表 2 汇总了 2015 年初复制模板的品质情况。缺陷密度的目标值在具有高冗余度的存储器件电路中被认为是可以接受的值，而尺寸均匀性和位置精度的目标值是引用自国际半导体技术路线图（ITRS）的要求[6]。所有这些指标都达到了目标值。

未来，对模板的品质要求会越来越高，例如微缩化等方面。我们计划总结目前为止模板复制工艺开发中的所有经验，依靠目前还在开发中的新一代模板复制设备，以及改进的光刻胶等手段来应对这些挑战。

表 2　质量改善情况（目标与实际）

指标项目	目标值	实际值
缺陷密度（个/cm²）	1.0	0.9
尺寸均匀性（3σ：nm）	2.2	1.5
位置精度（3σ：nm）	2.5	2.5

文　献

1) S. Murai et al.: Proc. SPIE, 4186,890(2000).
2) T. Hiraka et al. : Proc. SPIE, 6730, 67305P-1(2007).
3) H. Kobayashi et al. : Proc. SPIE, 8441, 84411B-1(2012).
4) http://www.dnp.co.jp/news/1227070_2482.html.
5) K. Ichimura et al. : J. Micro/Nanolith. MEMS MOEMS, 15(2), 021006-1(2016).
6) ITRS 2013Edition Lithography(JEITA 訳), 5.8 章, 24 頁, 図 LITH8.

第 5 章

电子束刻蚀技术与设备开发

5.1 可变形电子束刻蚀设备

5.1.1 引言

可变形电子束刻蚀技术是在 1980 年可变矩形绘图技术 [1)-3)] 的基础上发展起来的电子束刻蚀技术。自 2000 年左右以来，它正式成为电子束图形转移技术中的一种。本文使用 CP 掩膜版（Character Projection Mask）作为图形转移的例子，向读者介绍可变矩形、整体图形转移，以及可变图形转移等绘图技术。

图 1（a）和（b）分别展示了通过点状电子束和可变矩形电子束照射在样品表面上的例子。一次曝光（Shot）照射的区域的纵横宽度都在数百 nm 以内。图 1（a）和（b）都是通过连续的曝光把曝光区连接在一起，在样品表面绘制出整体的图形。

(a) 点电子束　(b) 可变矩形电子束　(c) 整体图形转移

图 1　不同形状电子束曝光示例

图 1（a）的点状电子束或（b）的可变矩形电子束刻蚀所需的图形，无论图形的形状是怎样的，只要将其分割为点状或矩形，就可以用这两种电子束来绘制。但同时也伴随着一个缺点，即需要多次曝光才能组合成一个图形，因此处理速度必然下降。例如，生成一个字母 E 的图形，使用（a）点状电子束需要几十次曝光，而使用（b）可变矩形电子束也需要 6 次曝光。

图 1（c）的整体图形转移是一种通过事先准备的掩膜版一次性转移图形的绘图方式。

整体图形转移虽然没有前两种方法那样灵活多变，但避免了简单重复的操作，减少了曝光的次数，图形质量也更为稳定。如果能把这几种电子束的功能结合到一起，就可以根据不同的图形需要发挥不同的优势。本文就将介绍同时具有这几种不同的电子束刻蚀功能的装置，包括其结构和特点，以及实际的图形绘制应用例子。

5.1.2 电子束刻蚀设备的结构和图形转移功能

1. 电子柱的结构

图 2 展示了电子束刻蚀设备中电子柱的结构（a），以及其中 CP 掩膜的图形排列（b）[4]。所谓电子柱，指的是从电子枪到晶圆这一整条电子束通道，包括对电子束产生作用的各个元件。在图 2（a）中的电子柱结构中，从最顶部的电子枪发射出的电子束经过第 1 矩形光阑成形为矩形断面，然后通过照明透镜 L1a、b 和 L2a、b 照射 CP 掩膜版，并在 CP 掩膜版上形成第 1 矩形光阑的像。掩膜偏转器 MD1、MD2、MD3 和 MD4 对电子束进行偏转控制，改变电子束在掩膜版上的照射位置。

电子束经过 CP 掩膜版上的开口排列，电子束的横截面变为掩膜图形的形状，再经缩小透镜 L3，把横截面的尺寸缩小。然后经过投影透镜 L4 和 L5 将电子束投影到最下方的晶圆上。圆形光阑决定了投影到晶圆上的电子束的收敛角。

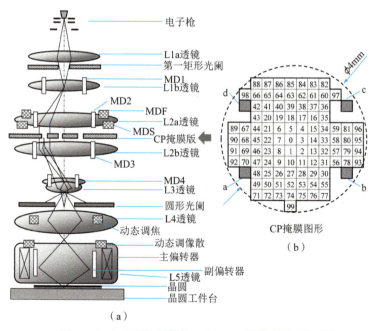

图 2 （a）电子柱的结构，（b）CP 掩膜的图形排列 [4]

晶圆的表面被电子束照射，形成 CP 掩膜版上图形的样式。主偏转器和副偏转器通过在偏向场内动态偏转电子束来偏转电子束在晶圆上的照射位置。动态调焦和动态调像散用于动态挑战晶圆上焦点的高度变化，以及和电子束偏向引起的像差。通过主偏转器和副偏转器的控制，电子束完成一次成像，配合下方工件台的移动，从而在整片晶圆上把图形全部绘制完成。

图 2（b）中，依靠掩膜偏向器 MD1、MD2、MD3 和 MD4 的控制，电子束可以任意通过 CP 掩膜版上划分的 100 个区域（0～99 号），每个区域中有一组掩膜图形。整个 CP 掩膜版的直径为 4mm。通过掩膜偏转器使电子束选择通过 100 个掩膜图形中的一个，或者在选中的图形上微调电子束通过的位置。MDF 和 MDS 两个偏转校正器专门用于动态校正由掩膜偏转引起的焦距变化和散光。

2. 图形转移功能

图 3 中展示的是掩膜偏转器和掩膜偏向校正器的控制模块[5]。下面将基于图 3，介绍一下 CP 图形的选择功能以及电子束透射位置可变都是如何实现的。

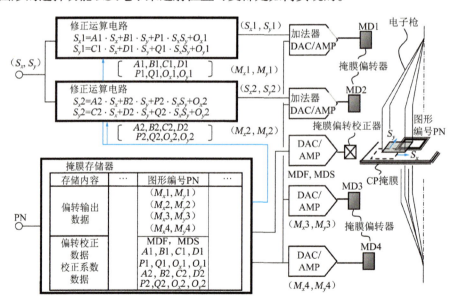

图 3 控制掩膜偏转器和掩膜偏向校正器的控制部的结构示例[5]

CP 掩膜版上每个图形都有一个专门的图形编号 PN（Pattern Number）。选定图形编号 PN 后，电子束在这个图形中具体的透射位置用数据（S_x，S_y）来表示。图形编号 PN 和透射位置数据（S_x，S_y）都是图 3 中所示的控制模块的输入数据。

控制模块的掩膜存预先存储了偏转器 MD1、MD2、MD3 和 MD4 的偏转输出数据（M_x1，

M_y1)、(M_x2, M_y2)、(M_x3, M_y3)、(M_x4, M_y4)的内容。当控制模块输入图形编号 PN 时，就读出相应的一组(M_x1, M_y1)~(M_x4, M_y4)数据并输出到四个掩膜偏转器上。掩膜偏转器 MD1、MD2 在 CP 掩膜的上游进行电子束的偏向，使电子束射向指定编号的图形，而 MD3、MD4 在 CP 掩膜的下游进行偏向，将被偏向的电子束重新引导到电子透镜的光轴上。

掩膜存储器中还存储了与指定的图形相关的偏转校正数据 MDF 和 MDS，以及校正系数数据 $A1, B1 \cdots O_x1, O_y1$ 和 $A2, B2 \cdots O_x2, O_y2$ 等。当控制模块输入图形编号 PN 时，偏转校正数据 MDF 和 MDS 被输出到相应的掩膜偏转校正器上。

同时，校正系数数据 $A1, B1 \cdots O_x1, O_y1$ 和 $A2, B2 \cdots O_x2, O_y2$ 被送到校正运算电路中，与输入数据(S_x, S_y)一起计算校正输出数据(S_x1, S_y1)和(S_x2, S_y2)。校正输出数据(S_x1, S_y1)和(S_x2, S_y2)分别与偏转输出数据(M_x1, M_y1)和(M_x2, M_y2)相加，结果输出到 CP 掩膜的上游偏转器 MD1 和 MD2。这样电子束就可以被微调，在指定图形上的指定位置透射。

以上所述的偏转输出数据、偏转校正数据和校正系数数据都是在图形绘制之前的调整步骤中测量并存入掩膜存储器的。

图 2（b）中所示的 CP 掩膜的四个角上还有矩形开口 a、b、c、d，它们是用来通过可变矩形电子束的。想要获得可变矩形电子束，只要将通过第一矩形光阑的电子束指向矩形开口 a、b、c、d 中的任意一个，并通过数据(S_x, S_y)控制电子束在这个开口中的具体位置，即可改变矩形的大小和长宽比。

图 4 简要地说明了图 2 和图 3 所示的电子束刻蚀设备是如何实现不同的工作模式的。其中（a）图表示的是可变矩形（VSB）电子束模式，电子束通过第 1 矩形光阑，然后通过 CP 掩膜版的矩形开口；（b）图表示的是整体图形转移模式（CP），通过第 1 矩形光阑的电子束透过指定编号 PN 对应的图形，整体转移；（c）图表示可变图形转移（VCP），通过第 1 矩形光阑的电子束根据指定编号 PN 以及具体的透过位置数据(S_x, S_y)，从图形上的一小块指定区域透射。

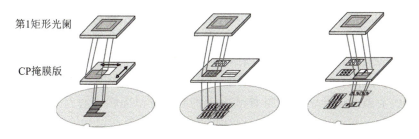

图 4　电子束刻蚀设备三种图形转移方式的实现方法

3. 图形转移的结果及其特征

图 5 列举了可变图形转移（VCP）模式下得到的一些图形转移结果[5]。CP 掩膜上有 31 行 × 31 列 = 961 个边长为 80nm 的正方形小孔（图形区域）。图形转移时，让电子束依次通过一列孔，在晶圆上绘制图像。图 5 中的 N_x 表示通过小孔的列数。电子束根据透过位置数据（S_x，S_y）规定的范围，从部分图形中透射，选择性地将图形逐渐转移到晶圆上。

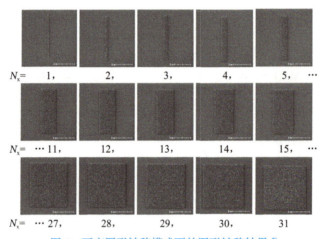

图 5　可变图形转移模式下的图形转移结果[5]

下面讨论图形的转移特性[4]-[6]。图 6（a）显示了从 CP 掩膜的偏转中心到 CP 图形的偏转距离 R（μm），与转移图形的尺寸变化率（%）之间的关系。结果显示，转移图形的尺寸变化率大致上与 R^2 成正比。当偏转距离为 2mm 时，转移图形尺寸变化率约为 0.25%。举例来说，如果 CP 掩膜版上的图形宽度为 1μm，转移图形的宽度最大会有 2.5nm 的偏差，具体取决于 CP 图形的具体位置。

与未偏转的电子束相比，偏转的电子束的光程明显变大。为了保持成像关系，用偏转校正器 MDF 来补偿焦距的变化。这种光程的变化和偏转校正也会导致转移图形尺寸的变化，可以设法让这种变化与前面所说的偏向距离 R 导致的变化互相抵消。

图 6（b）显示了 CP 掩膜版上图形中的开口面积 S（μm²）与转移图形的尺寸变化率（%）之间的关系。结果显示，CP 掩膜版上的图形开口面积每增大 1μm²，转移图形尺寸约缩小 0.15%。

由于 CP 掩膜图形对电子束有一定的遮挡，所以图形开口的面积与电子束所形成的电流（简称"束流"）大小有直接关系。束流大小又会影响电子之间的库仑相互作用，进而影响电子束的聚焦，以及晶圆上转移图形的尺寸变化。这些都需要其他手段来进行校正。对于可变矩形电子束，这种图形尺寸的变化可以通过约束电子束横截面积来修正。

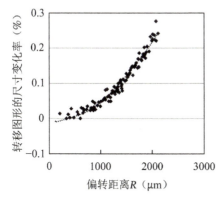
(a) CP 掩膜的偏转中心到 CP 图形的偏转距离 R 与转移图形尺寸变化率的关系

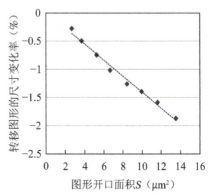
(b) CP 图形的开口面积 S 与转移图形尺寸变化率的关系

图 6　转移图像的尺寸变化率

4. 投影透镜的结构和分辨率性能

下面介绍一下电子柱中投影透镜系统的结构[7]。图 7（a）显示的就是电子柱中，最靠近晶圆的投影透镜系统。它的主体是一个中空的圆环状磁体，磁体靠近晶圆的位置是开口的极靴，铁磁体内部有一组绕制线圈。线圈通电产生磁场，将铁磁体磁化，并在极靴所包围的区域感应出局部磁场。这个局部磁场对沿着透镜轴传播的电子束产生凸透镜效应，使电子束聚焦。图 7（a）中物面处是电子束通过 CP 掩膜版后所产生的第一次成像，此后电子束经过 V_{acc} 的加速电压的作用，在物面下方距离 L 的晶圆处成第二次像，从而把图形转移到晶圆上。途中要经过偏转器，分别是主偏转器和副偏转器（见图 2）。

对于投影透镜来说，一个重要的指标就是轴上电子束的模糊（Blur）[8][9]。轴上电子束，指的是电子束的中心与投影镜头中心轴重合，并在像面上以收束半角 α 收敛的电子束。轴上电子束的模糊取决于电子束的加速电压 V_{acc} 及其偏差 ΔV，束流 I_b，收束半角 α 以及物面和图像面之间距离 L 等。电子束的模糊会影响成像的分辨率。

图 7（b）显示了当加速电压 V_{acc} 为 50kV，偏差 $\Delta V = 0.5V$ 时，不同收束半角 α、物像距离 L 的三种投影透镜，它们的束流 I_b 与电子束模糊之间的关系。这里模糊是指像面附近占电子束总能量 12%～88% 范围的电子束的边缘斜率宽度。这个值定义了与电子束的扩散有关的应汇聚到图像面上一点的电子束的展宽。

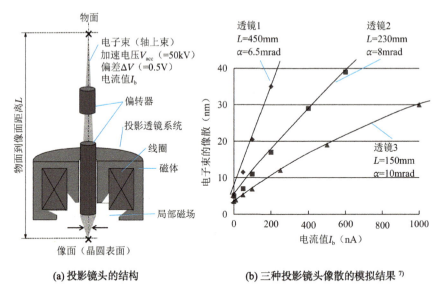

(a) 投影镜头的结构　　(b) 三种投影镜头像散的模拟结果[7]

图 7　投影镜头

当束流电流 I_b 较小时（接近零），三种投影镜头的模糊值几乎相同，约 5nm。此时这个值受到投影镜头的几何畸变（即球差和色差）的影响。球差和色差引起的模糊与电子束的成像条件有关，并具有以下关系：

$$球差模糊 \sim (1/2) \cdot C_s \cdot \alpha^3 \tag{1}$$

$$色差模糊 \sim C_c \cdot \alpha \cdot (\Delta V / V_{acc}) \tag{2}$$

其中，C_s 代表球差系数，C_c 代表色差系数。

透镜 1、透镜 2 和透镜 3 分别在收束半角 α 为 6.5mrad、8mrad 和 10mrad 的条件下汇聚光束。即使收束半角 α 不同，$I_b = 0$ 附近的电子束模糊几乎相同，这意味着三种透镜的球面像散系数 C_s 差异很大。根据设计，透镜 1 的 C_s 约为 36.0mm，透镜 2 的 C_s 约为 14.5mm，透镜 3 的 C_s 约为 7.5mm。特别是透镜 3，设计针对的情况就是极靴之间产生很强的局部磁场。因此，透镜 3 被设计为具有相对较小的 C_s，即使收束半角 α 较大，电子束模糊度也不会增大。

收束半角 α 与库仑相互作用导致的电子束模糊（库仑模糊）有关。库仑模糊与电子束的成像条件有关：

$$库仑模糊 \sim I_b^{3/4} \cdot (L^{3/4}) / (V_{acc}^{4/3}) / \alpha \tag{3}$$

库仑模糊是由电子束内电子之间的静电排斥引起的。电子束的束流 I_b 增大必然导致库仑模糊增大，但通过降低电子在电子束轨道上的积聚密度，缩短电子积聚部分的长度等手段，可以抑制库仑模糊。

如果收束半角 α 增大，就能够收集投影镜头内更大角度范围的电子束。收束范围增大，电子积聚密度将降低，库仑模糊将变小。如果将物像间距 L 减小，将会减小电子积聚部分的长度，库仑模糊也将变小。镜头 1 的 $\alpha = 6.5\text{mrad}$，$L = 450\text{mm}$；镜头 2 的 $\alpha = 8\text{mrad}$，$L = 230\text{mm}$；镜头 3 的 $\alpha = 10\text{mrad}$，$L = 150\text{mm}$。在减小库仑模糊的效果方面，透镜 1、透镜 2、透镜 3 的效果依次增强。

举个例子，为了使电子束模糊降到 13nm 以下，透镜 3 束流 I_b 的上限约为 300nA。在这个范围内，透镜 3 的图像分辨率估计为 12nm[10]。而如果使用透镜 1 和透镜 2 的话，束流 I_b 的上限分别为 30nA 和 100nA。

束流的上限是影响电子束刻蚀处理能力（晶圆产量）的重要因素。与透镜 1 和透镜 2 相比，由于透镜 3 可以利用较大的束流，晶圆产量会更高。然而，由于透镜 3 适合在短物像间距和较大的收束半角下成像，相对于透镜 1 和透镜 2，需要很强的局部磁场强度，也就需要采取措施应对线圈的发热和磁体的磁饱和。

5.1.3 电子束刻蚀的应用

1. 切割刻蚀工艺的例子

下面介绍一些使用可变矩形、整体转移以及可变图形三种模式绘制图形的例子。电子束刻蚀与光学刻蚀作为两种互补的半导体工艺，推动着半导体器件微缩化的发展[11)12]。首先用光学刻蚀在晶圆上形成条纹/沟槽图形。接着在其上生成硬掩膜层，涂覆光刻胶，采用电子束刻蚀的方法，在原来的条纹/沟槽图形上增加"连接点"或"切断点"。除去硬掩膜层和光刻胶，得到最后的光刻图形[13]。

图 8（a）中是切割光刻工艺的一个例子[14]。首先利用 SADP（自对准双重成像）光学刻蚀工艺得到半节距 < 22nm 的条纹/沟槽图形。然后在这层图形上方沉积一层材料，称为硬掩膜（Hard Mask）。接着，在硬掩膜上涂覆电子束刻蚀的专用光刻胶，用电子束在光刻胶上刻蚀和切割，得到图形并显影。这步就称为"切割刻蚀"，根据光刻胶的正负性不同，对最后的图形产生不同的影响。最后是刻蚀与清洗工艺，以剩余的光刻胶和硬掩膜层作为掩膜继续进行光学刻蚀，直到下层的条纹/沟槽图形层。如果之前采用了负性光刻胶，那么下层的条纹图形之间就会在原来的沟槽位置产生"连接点"；反之，原来的条纹图形上就会形成"切断点"。

图 8（b）是上述工艺处理后实际图形的 SEM 照片[14]。SADP 工艺形成了半节距为 21～23nm 的条纹/沟槽图形。切割刻蚀工艺中，分别涂覆负性光刻胶 HSQ 和正性光刻胶 pCAR，形成宽约 22nm，长约 25～90nm 的切割图形。最后是刻蚀与清洗工艺，通过光学刻蚀，原来的条纹图形之间产生了宽度 17～18nm 的连接点（负性光刻胶），以及宽度约 18nm 的切断点（正性光刻胶）。

(a) 切割刻蚀工艺过程 [14]

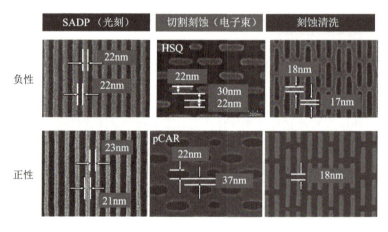

(b) 经过 SADP（光刻）工艺、切割刻蚀（电子束）以及刻蚀与清洗工艺后形成的 SEM 照片 [14]

图 8　光刻、刻蚀、清洗工艺

切割刻蚀（电子束）工艺中，采用了电子束刻蚀设备的可变图形模式（VCP）[14]。CP 掩膜有宽度为 22nm 的狭缝状开口。通过图形编号 PN 选择狭缝状开口，然后用透过位置数据 (S_x, S_y) 使矩形图形的长宽比可变［参见图 4（c）］。也就是说，最后转移图形的 22nm 宽度是由 CP 图形的开口宽度决定的，转移图形的长度则通过改变电子束在狭缝上的透过位置来决定。这样就能够绘制出具有宽度、可变长度的切割图形。

2. 其他图形的例子

图 9 展示了用电子束刻蚀实现的其他图形的例子 [15)16)]。图 9（a）和（b）显示的是采用整体转移的模式，把方框区域中的图形进行整体转移。电子束刻蚀设备图形编号 PN 控制电子束，

从相对应的图形位置透过开口，把掩膜图形整体转移到晶圆表面。图9（a）和（b）两个图形都可以被分割为数百个矩形，进行数百次曝光。但图9（a）和（b）中，通过整体转移的工作模式，可以仅利用一次曝光，就把图形整体转移到晶圆表面。

图9（c）是通过可变形电子束刻蚀设备绘制曲线图形的一个例子。此时，CP掩膜版上具有圆形开口以及矩形开口。电子束透过圆形开口可以获得横截面为圆形的电子束，它可以在晶圆上绘制出一个小圆点。之后只要将这个圆形电子束的中心位置缓慢平移，不断地重叠绘制，并最终回到起点，就可以在晶圆上绘制出一个由封闭平滑曲线所包围的区域。在这个曲线所包围的封闭区域内，再用可变矩形光束进行绘制，充填所有的间隙。相比于全部采用矩形光束或者全部采用圆形电子束进行多次曝光刻蚀，这种把两种电子束互相结合的方式可以用少得多的曝光次数绘制出光滑曲线图案。

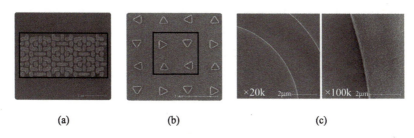

（a）和（b）中被矩形框围住的图形区域被整体转移。
（c）绘制光滑曲线的例子。

图9　用电子束刻蚀进行图形转移的几个例子 [15][16]

5.1.4　结语

本文介绍了一种具有可变矩形、整体转移和可变图形三种工作模式的可变形电子束刻蚀设备，它可以利用CP掩膜版上准备好的一系列掩膜图形在晶圆上实现各种图形的转移，并且保证图形的质量以及晶圆的产量。通过与光刻技术的结合，电子束刻蚀的应用范围进一步扩大。使用这种可变形状光束型电子束刻蚀设备时，应该充分考虑它的可能性以及局限性。

文　献

1) T. R. Groves, H. C. Pfeiffer, T. H Newman and F. J. Holn: J. Vac. Sci. Technol., B6, 2028(1988).
2) S. Hamaguchi, J. Kai and H. Yasuda: J. Vac. Sci. Technol., B6, 204(1988).
3) F. Mizuno, M. Kato, H. Hayakawa, K. Sato, K. Hasegawa, Y. Sakitani, N. Saitou, F. Murai, H. Shiraishi, and

S. Uchino: J. Vac. Sci. Technol., B12, 3440(1994).
4) A. Yamada and T. Yabe: J. Vac. Sci. Technol., B21, 2680(2003).
5) A. Yamada and T. Yabe: J. Vac. Sci. Technol., B22, 2917(2004).
6) T. Yabe and A. Yamada: Microelectronic Engineering, 84, 841(2007).
7) A. Yamada, H. Tanaka, T. Abe and Y. Shimizu: Proc. of SPIE, 8680, 868025(2013).
8) H. C. Chu and E. Monro: Optik, 61, 121(1982).
9) MAGE/MEBS: Commercial software provided by Munro's Electron Beam Software Ltd. (MEBS).
10) J. Kon, T. Maruyama, Y. Kojima, Y. Takahashi, S. Sugatani, K. Ogino, H. Hoshino, H. Isobe, M. Kurokawaand A. Yamada: Proc. of SPIE, 8323, 832324(2012).
11) Y, Borodovsky: Proc. of SPIE, 6153, 615301(2006).
12) David K. Lam, Enden D. Liu, Michael C. Smayling, and Ted Prescop: Proc. of SPIE, 7970, 797011(2011).
13) H. Yaegashi, K. Oyama, A. Hara, S. Natori and S. Yamauchi: Proc. of SPIE, 8325, 83250B(2012).
14) H. Komami, K. Abe, K. Bunya, H. Isobe, M. Takizawa, M. Kurokawa, A. Yamada, H. Yaegashi, K. Oyama and S. Yamauchi: Proc. of SPIE, 8323, 832313(2012).
15) M. Kurokawa, H. Isobe, K. Abe, Y. Oae, A. Yamada, S. Narukawa, M. Ishikawa, H. Fujita, M. Hoga and Naoya Hayashi: Proc. of SPIE, 8081, 80810A(2011).
16) M. Takizawa, K. Bunya, H. Isobe, H. Komami, K. Abe, M. Kurokawa, A. Yamada, K. Sakamoto, T. Nakamura, K. Kuwano, M. Tateishi and Larry Chau: Proc. of SPIE, 8522, 85222A(2012).

5.2 多电子束刻蚀设备

5.2.1 引言

在用于半导体器件制造的光刻工艺中，掩膜的性能和生产效率是关键因素。这一重要性无论是在ArF液浸光刻中，还是在EUV（极紫外光）光刻中，甚至是在纳米压印光刻中都是一样的。过去，可变形电子束刻蚀设备主要用于掩膜制作，但随着图形的微缩化和复杂化，其生产效率已经达到极限，需要实现飞跃性的技术革新。多束电子束刻蚀设备作为一种创新技术，被普遍看好。在这里，我们将详细介绍多束电子束刻蚀设备的特点。

5.2.2 开发目标

开发多电子束刻蚀设备（MB）的目标是解决可变形电子束刻蚀设备（VSB）所面临的问题，如图10所示。随着图形尺寸的微缩，电子束刻蚀在每个图形中投入的电子数量减少。电子数量的减少导致其统计波动性增加，图形线宽的精度降低。即所谓的"曝光噪声"（Shot Noise），它与电子数量的平方根成正比。为解决这一曝光噪声恶化的问题，唯一的方法是随着图形尺寸的缩小增加投入电子的数量,即增加曝光度。同时,在设备方面,通过增加单位面积和单位时间内的投入电子数量,即电流密度,可以保证生产效率。如果在保持曝光区尺寸的同时增大电流密度,就会增强电子束的库仑效应,造成电子束的模糊,所以曝光区的尺寸必须缩小,曝光同样大小的图形需要更多的曝光次数。但是好在这都是在图形尺寸微缩的前提下发生的,所以曝光次数不会增加太多。然而,由于反演光刻技术(ILT)的出现,图形的复杂性明显增加,曲线图形成为主流。传统的 VSB 设备只适合绘制矩形、直角三角形等图形,想要绘制曲线图形,就必须做大量的近似分割,因此曝光次数急剧增加,工作效率大大降低。

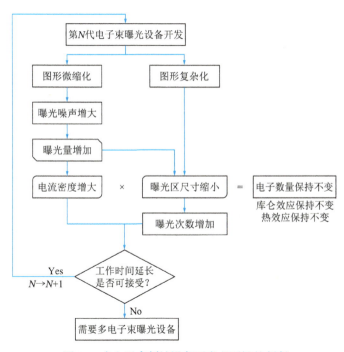

图 10　多电子束刻蚀设备开发必要性的判断

虽然三维封装技术的出现令半导体图形的微缩化需求不再继续增强,但人们依然会追求提高产量,那就必然要增大电流,导致库仑效应和光刻胶加热[1]效应的增强。虽然可以通过多重图形法来抑制光刻胶加热的问题,但工艺的复杂化会导致绘制时间的延长。这是 VSB 当前面临的困难。

多电子束刻蚀设备具有以下优点,可以解决 VSB 设备面临的上述问题:

①电子束的数量巨大,即使电流密度较小,也可以维持总电流量。

②与 VSB 设备不同,所有图形都被转换为具有固定像素大小的位图,因此不受图形复杂性的限制,图形绘制时间基本稳定。

③因为每一束电子束的电流都比较小,因此光刻胶的温度上升几乎可以忽略不计。

多电子束刻蚀设备是一种非常理想的图形转移设备,无须提高电流密度,即使图形微缩化继续发展,工作时间也不会增加。而且可以增强曝光量,提高生产效率,不用担心光刻胶过热的问题。当然多电子束刻蚀设备也存在着 VSB 所无须面对的挑战。下面就通过与 VSB 设备的对比,来介绍多电子束刻蚀设备项目开发的主要情况。

5.2.3　绘制方式的差异

图 11 展示了 VSB 装置(a)和多电子束刻蚀装置(b)的结构示意图。在 VSB 装置中,从电子枪释放的电子通过第 1 光阑,被成形偏转器控制,照射到第 2 光阑上的期望位置。通过第 2 光阑后,电子束被主副偏转器控制,照射到晶圆上的期望位置。第 1 和第 2 光阑都是简单的平面结构,只有一个开口,其余位置的厚度令电子束不能透过。照射时间被消隐器(Blanking)所控制,虽然图 11(a)中没有画出,但其原理与 MB 装置相似,可以参考图 11(b)。它有一对电极,当电子穿过其间时,如果对其施加偏转电压,电子就无法通过光阑;反之,不施加偏转电压,电子才能顺利通过光阑,照射到晶圆上。不施加电压的时间即为电子束的照射时间。从电子枪到主副偏转器这个整体就被称为 VSB(可变形电子束)刻蚀装置,电子的照射形状和照射时间被控制,在晶圆上形成最终期望的图形,如图 12(b)所示。

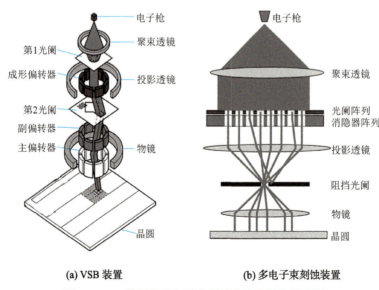

(a) VSB 装置　　　　　　(b) 多电子束刻蚀装置

图 11　VSB 装置和多电子束刻蚀装置的结构示意图

而多电子束刻蚀装置中,从电子枪释放的电子被照射到具有多个开口的光阑阵列上,分成具有统一大小的多个电子束。光阑阵列下方是一个消隐器阵列，每个开口都有一对电极[2]，控制着通过的每束电子是被遮挡，还是能顺利到达晶圆表面。每个消隐器都能单独控制电子束通过的时间。电子束到达样品的具体位置与 VSB 设备一样由物镜偏转器进行整体控制，不能单独控制。电子束在晶圆上通过描点的方式形成最终的图形。参见图 12（c）。

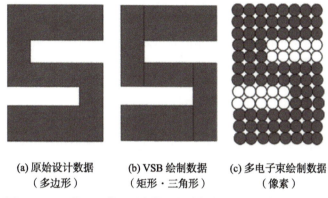

(a) 原始设计数据　　(b) VSB 绘制数据　　(c) 多电子束绘制数据
　（多边形）　　　　（矩形·三角形）　　　（像素）

图 12　VSB 装置和多电子束装置的绘制方式与绘制数据的差异

表 1 总结了 VSB 装置和多电子束刻蚀装置的主要差异。

表 1　VSB 装置和多电子束刻蚀装置的主要差异

	VSB 装置	多电子束装置
电子枪	1	1
电流密度	约 1200A/cm²	数 A/cm²
光阑	两个，每个 1 开口	1 个，每个几十万开口
光阑照射区域	数 10μm	数 mm
光阑开口尺寸	10μm 量级	数 μm
消隐器电极	1 对	与光阑开口数相同
成形偏转器	1 级偏转（※1）	无
物镜偏转器	主副 2 级偏转（※2）	1～2 级偏转
晶圆上电子流半径	250nm 约	10nm 约
电子流分辨率	20～30nm	与 VSB 相等或更高

※1 在由 New Flare 公司生产的 EBM-9000 及以后版本的 VSB 装置中采用了 2 级偏转。
※2 同样，在 EBM-9000 及以后版本中采用了 3 级偏转。

5.2.4 主要开发项目

1. 电子枪

如前所述，随着图形尺寸的微缩化，需要通过更小的孔径开口将更多电子在更短的时间内发射出去，因此提高电流密度变得至关重要。在多电子束装置中，由于存在多个电子束，虽然每束电流的密度可以降低到原本的百分之一，但为了均匀照射光阑的所有开口，需要让电子枪的发射范围继续扩大。

2. 电子光学镜筒

在多电子束装置中，晶圆表面的电子束宽度为几十 μm，光阑的照射区域尺寸在数 mm 左右，与 VBS 设备相比要大得多。因此，多电子束刻蚀装置使用的电子光学镜筒与 VSB 装置完全不同，需要优化，以便纠正大面积电子流引起的像差等。

3. 光阑阵列

在 VSB 装置中，光阑上的开口只有一个，机械加工的主要要求是开口的四个直角部位的曲率尽量小，两个光阑的光轴可以通过投影镜头或成形偏转器的光学对准进行调整。与此相反，多电子束刻蚀装置要求每一束电子束的尺寸与其在晶圆上的分辨率相比都尽量小，每个开口四个直角部位的曲率就不那么重要了。但要求每个开口的面积尽量相等。此外，光阑阵列和阻挡光阑之间无法进行光学对准，因此实现机械对准就变得更为重要。此外，光阑阵列上方的电子枪是一个热源，而光阑阵列中集成了用于执行消隐操作的主动元件（CMOS器件），也会发热，保持良好的对准需要考虑它们的发热情况。

4. 消隐器阵列

为了适应高电流密度，VSB 装置需要更精细地控制电子束的照射时间，特别是对于高灵敏度（小曝光量）光刻胶。而在多电子束刻蚀设备中，由于电流密度降低到百分之一，并且主要采用低灵敏度（大曝光量）光刻胶，对照射时间的控制并不需要如此高的精度。加工关键在于能够在十几 mm 范围内形成数十万个消隐电极的 MEMS 制造技术，以及把大规模模拟集成电路集成在内，向数十万个消隐电极独立施加 On/Off 电压。

消隐器阵列可以说是多电子束刻蚀装置的核心。为了偏转电子束，消隐电极通过驱动器（通常是 CMOS 反相器）施加数伏的电压。为了减小线路延迟，每个消隐电极附近都放置了驱动器。换句话说，在有限的区域（几十 μm 间距）内，必须容纳驱动器、电子束开口以及消隐电极。每个消隐电极的结构必须注意不可泄漏电场，否则会对相邻位置的电子束产生影响。此外，由于是在真空中使用，因此必须尽量抑制器件发热。控制电路主要由

CMOS 器件构成，但随着操作频率的提高，即使是微小的穿透电流也会导致功耗增加。最需要避免的是静电。静电不仅会导致电子流模糊，还可能导致集成电路的误操作。考虑到各种物理现象，消隐器阵列的结构非常复杂，因此需要先进的制造技术。在电路功能方面，把大量绘图数据快速传递到消隐器阵列，I/O 端口和基板的设计也都很重要。将来，数据传输速度需要达到数百 Mbit/s 的量级，减少消隐器陈列的缺陷也非常重要。

5. 偏转器控制与工件台控制

关于偏转器控制，VSB 装置和多电子束刻蚀装置之间没有太大的差异。晶圆工件台连续移动扫描，基本上也是相似的。但在 VSB 装置中，工件台速度的限制因素是单位面积内曝光区的数量。而在多电子束刻蚀装置中，工件台速度受到当前区域内照射时间最长的电子束的限制。例如，当使用 m 束电子束照射一个曝光区时，即使 $m-1$ 束电子束的照射已经结束，也需要等待最后一个束流的照射结束，才能移动到下一个曝光区。因此，为了尽可能地提高工件台速度并缩短绘制时间，电子束的最大曝光时间必须压缩。

6. 数据通道

VSB 装置的数据通道需要把给定的目标图形分割成若干个矩形或直角三角形的曝光区，并进一步对每次曝光的时间和位置进行各种修正，以驱动消隐器、成形偏转器和物镜偏转器。相反，多电子束刻蚀装置的数据通道的功能目的是将给定的目标图形转换为像素（位图）数据。由于不能独立控制每个电子束的照射位置，一般是通过调节每个像素点的灰度值，来绘制整幅图形，因此这种方法被称为灰度电子流绘制法[3]。像素数据的灰度值通常是根据目标图形在相应像素点上的覆盖率来确定的。

7. 修正功能

VSB 装置中能够实现的修正功能在多电子束刻蚀装置中基本上也都可以使用。关于线宽的修正功能，从所影响的空间范围来看，从大到小应该是：刻蚀-显影装载修正（影响范围约 10mm）、远距离重叠散射修正（1～10mm）、后散射临近效应修正（约 10μm）等。值得注意的是，多电子束刻蚀装置中的后散射临近效应修正，不仅适用于 VSB 装置中主流的曝光量修正[4]，还与 GHOST 法[5]兼容。VSB 装置需要额外用模糊束流（与后散射模糊程度相同）进行反演图形照射。而在多光束刻蚀装置中，通过为非照射区域的电子束提供反向的后散射曝光量，可以在不花费额外描绘时间的情况下进行反演图形照射。尽管照射量修正方式在低图形密度区域有最大曝光时间增加和工件台速度下降的缺点，但 GHOST 方法的最大曝光时间不受图形密度影响。

此外，在多电子束刻蚀装置中，新提出了一种修正功能极近距离线宽。虽然在 VSB 装置中也不是不可能实现，但要进行极近距离的线宽校正，需要在比其影响范围更小的曝光单元上进行校正，曝光数必须增加。但是在多电子束刻蚀装置中，本来就是基于像素进行图形绘制，无须额外划分更小的曝光单元。这种近距离线宽校正的例子，包括 EUV 掩膜特有的中距离校正，以及前散射、光刻胶酸扩散、电子束模糊的校正。特别是对于电子束模糊的校正，多电子束刻蚀装置独有的位图数据控制方式对此非常适用[6]，例如为了突出边缘，可以增大边缘附近的像素数据的灰度值，或者为了增强对比度，可以减小图形内部像素数据的灰度值。还有一些修正是多电子束刻蚀装置特有的。例如，需要测量并校正每束电子流的照射不均匀性以及消隐特性的差异。

考虑时间效应的线宽校正，包括光刻胶曝光后延迟（PED：Post Exposure Delay）校正等，这在 VSB 和多电子束刻蚀装置中都是可实现的（见表 2）。但有一个例外，就是光刻胶加热效应，如前所述，多电子束刻蚀装置对光刻胶的加热是可以忽略的。

表 2　VSB 装置与多电子束刻蚀装置（MB 装置）校正功能比较

内容	属性	校正事项		VSB 装置	MB 装置
线宽修正	空间的影响	刻蚀/显影装载校正		○	○
		远距离重叠散射校正		○	○
		后散射临近效应校正	照射量修正方式	○	○
			GHOST 法	×	○
		EUV 中距离临近效应校正		△	○
		前散乱，极近距离效应校正		×	○
	时间的影响	光刻胶曝光后延迟效应校正		○	○
	时间/空间的影响	光刻胶热效应校正		○	不需要
位置修正	空间的影响	格点校正（激光镜面弯曲，掩膜版弯曲）		○	○
		光刻胶应力校正		○	○
	时间/空间的影响	光刻胶静电效应校正		○	○
		BAA 面内分布校正		不需要	不需要

○：可以　△：困难　×：不合适

关于位置精度校正，VSB 装置和多电子束刻蚀装置的最大区别在于偏转畸变的校正。在 VSB 装置中，可以根据偏向位置对单一电子束的位置进行校正。但在多电子束刻蚀装置中，由于无法独立校正每一个电子束的位置，因此需要提前假设偏向位置并对输入图形位置进行校正，或通过对位图数据的调制进行校正。除了偏转畸变之外，影响整个电子束的校正效果，例如激光镜面弯曲或掩膜版自重弯曲的格点校正[7]，以及刻蚀引起的膜应力释放畸变的校正、光刻胶静电效应[8]等校正，VSB 和多电子束刻蚀装置都能够实现。

5.2.5 产量设计

如前所述，多光束刻蚀装置的最大吸引力在于其极高的生产效率（晶圆产量）。电子束刻蚀设备的理论最大晶圆产量，或者说最小绘图时间，是由电子束的电流量、光刻胶灵敏度（曝光量）以及绘制的芯片整体面积及其面积率决定的：

$$绘制时间(s) \geq 芯片面积(cm^2) \times 图形面积率(\%) \times 剂量\left(\frac{\mu C}{cm^2}\right) \div 电流量(\mu A) \quad (4)$$

这个物理限制，无论对于 VSB 设备还是多电子束刻蚀设备，都是相同的。因此，在对多电子束刻蚀装置的生产效率进行基本设计时，首先要确保达到或超过 VSB 装置的电流量。此外，数据通道的数据输出速率也不要超过图形绘制的速度。表 3 把 New Flare 公司的 EBM-9000 设备（VSB 装置）与普通的多电子束刻蚀设备进行比较。所需的数据通道的数据输出还受到单位像素灰度阶数的影响。这里，我们假设使用 EBM-9000 的 VSB12i 数据格式，该格式可以把像素灰度划分成 1024 阶，我们将其分割成 16 个通道，每个通道 64 阶（1 阶 = 6bit）。

表 3　VSB 装置与普通的多电子束刻蚀装置的晶圆生产效率比较

	VSB 装置（基于 EBM-9000）	MB 装置（常见数据）
电流密度（A/cm²）	800	2
电子束尺寸（nm）	250	10
电子束数量	1	262,144（= 512 × 512）
总电流值（μA）	0.5	0.524
曝光区面积（cm²）	10.4 × 13.2 = 137.28	
面积率（%）	< 100	
曝光量（μC/cm²）	75.0	
最少绘制时间理论值（小时）	5.7	5.5
修正灰度值	10bit（1024）	6bit（64）
数据通道个数	4	16
通道总曝光次数或总像素数	220 × 10⁹ shot 以上	137 × 10¹² pixel
数据通道输出速率	84 × 10⁶（shot/sec）以上	664 × 10⁹（bit/sec）

图 13 比较了 New Flare 株式会社的 VSB 装置 EBM-9500 和多电子束刻蚀装置 MBM-1000 的绘制时间的设计值[9]。VSB 装置的绘制时间与曝光（shot）的次数成正比，而

多电子束刻蚀装置的绘制时间则不受图形复杂度的影响，保持稳定。当 VSB 装置的曝光次数达到 200G 次/通道时，多电子束刻蚀装置的产量就超过了 VSB 装置。

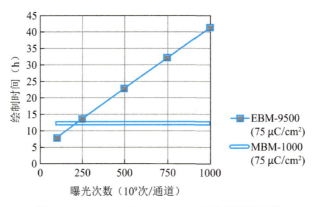

图 13　EBM-9500 与 MBM-1000 的产量设计比较

5.2.6　绘制结果

图 14 展示的是目前 New Flare 株式会社开发的 MBM-1000 绘制的半节距分别为 20nm 和 16nm 的条纹/沟槽图形的 SEM 观察照片。光刻胶为正性，能够将条纹切断，光刻胶感光度为 160μC/cm²。与 VSB 装置相比，绘制出的图形具有相同或更高的分辨率。图 15 是经过后散射临近效应校正后绘制的线宽为 200nm 的图形。光刻胶是一种化学增幅型光刻胶，感光度约为 20μC/cm²。获得了与传统技术相当的校正精度。图 16 展示了在同样的化学增幅型光刻胶上模拟光子器件的圆形图形的绘制结果，线宽 60nm 时仍然获得了良好的圆形形状。最后，图 17 展示了利用反演光刻技术（ILT）绘制曲线图形的模拟结果。ILT 图形的详细的边缘放置误差（Edge Placement Error）评估是今后要完成的任务。

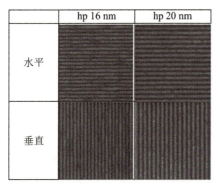

图 14　半节距 16nm 和 20nm 的条纹/
沟槽图形的 SEM 观察照片

图 15　经过后散射临近效应校正后
绘制的线宽为 200nm 的图形

图 16　圆形的绘制结果

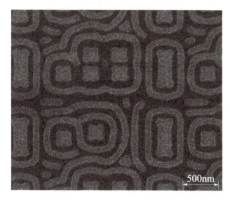

图 17　利用 ILT 绘制曲线图形的模拟结果

5.2.7　结语

　　本文通过与可变形电子束刻蚀（VSB）设备的对比，介绍了多电子束刻蚀装置的技术特点。多电子束刻蚀设备很早就被提出作为图形绘制的工具，并开发了一些工艺方法，但是这些都没有投入实际应用。近年来，在掩膜绘图设备领域，多电子束刻蚀技术正朝着实用化迈进，这是一项重大进步。多电子束刻蚀设备最早的商用产品是 IMS Nanofabrication AG 公司的 MBMW-101[10]，于 2016 年才开始销售，但它是一种具有颠覆性的根本性的创新，消除了传统绘图数据操作和光刻应用技术中存在的各种限制。未来，我们期望这项革新技术能够在掩膜绘图领域以及所有光刻技术领域，为所有的从业者和用户打破既有的技术和思想束缚，广泛普及并取得更进一步的发展。

文　献

1)　N. Nakayamada et al.: J. Micro/Nanolith, MEMS MOEMS, 15(2), 021012(2016).

2) H. Yasuda et al.: J. Vac. Sci. Technol., B14, 3813(1996).
3) F. Abboud et al.: Proc. of SPIE, 3096, 116(1997).
4) T. Abe, N. Ikeda, H. Kusakabe, R. Yoshikawa and T. Takigawa: J. Vac. Sci. Technol., B7, 1524(1989).
5) G. Owen, P. Rissman and M. F. Long: J. Vac. Sci. Technol., B3, 153(1985).
6) T. Klimpel et al.: Proc. of SPIE, 8522, 852229(2012).
7) T. Tojo et al.: Proc. of SPIE, 3748, 416(1999).
8) N. Nakayamada, S. Wake, T. Kamikubo, H. Sunaoshi and S. Tamamushi: Proc of SPIE, 7028, 70280C(2008).
9) H. Matsumoto et al.: Proc of SPIE, 9984, 998405(2016).
10) C. Klein and E. Platzgummer: Proc of SPIE, 9985, 998505(2016).

第 6 章

定向自组装（DSA）技术

6.1 引言

依靠紫外线光刻技术，半导体器件的微缩化取得了很大的进展。目前 ArF 浸没光刻工艺和多重图形工艺已经达到了 20nm 以下的技术节点。定向自组装（Directed Self Assembly, DSA）技术作为推动半导体器件进一步向微缩化发展的一大技术方向，其研究和开发也取得了许多的成果[1)-22)]。

半导体 DSA 技术用预先光刻形成的图形进行诱导（Direct），利用分子的自组装性质（Self-Assembly），在基板上形成半导体器件的图形。自然界中常见的分子的自组装现象在这里得到了灵活的运用。DSA 技术利用不相容的聚合物（Polymer）之间的排斥力，实现了聚合物的自组装。通过这种方式，在涂覆膜中形成了超越光刻分辨率极限的微观相分离结构。引导这种微观相分离结构形成加工的图形，在后续的刻蚀工艺中作为掩膜。

本节将介绍半导体 DSA 技术的梗概。首先介绍聚合物的自组装现象。接着介绍 DSA 工艺的基本步骤。然后介绍实现 DSA 工艺所需的重要的相关材料。此外，我们还将简单涉及用于半导体 DSA 技术开发的 DSA 模拟技术的现状。最后，我们将基于对当前 DSA 技术的评估，来总结 DSA 技术的优势和挑战。

6.2 DSA 技术中聚合物的自组装

1. 自组装材料的分类

高分子聚合物的自组装和 DSA 技术的研究都已经有了很长的历史，产生了非常丰富的论著[1)-22)]。在这里，我们将概述 DSA 技术中聚合物自发形成有序结构的自组装过程。

图 1 中显示的是典型的 DSA 材料的分类。其中最典型的是嵌段共聚物（Block Copolymer，BCP）。嵌段共聚物是一种将互不相容的聚合物链段（Polymer Block）连接在一起形成的特殊聚合物。将嵌段共聚物涂覆在基板上后，通过退火处理（热处理或溶剂气氛处理），就形成了图形。形成图形的推动力是不同极性的聚合物链段之间具有排斥力，产生了微观相分离，于是获得了有序的图形。

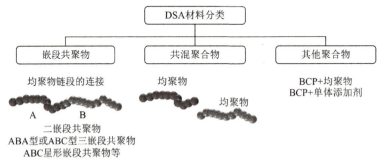

图 1　DSA 材料的分类

用于绘制光刻图形的主流材料是将两个聚合物链段连接在一起的二嵌段共聚物（Diblock Copolymers）。此外三嵌段共聚物（Triblock Terpolymers）（直链、分支、星形等）等多种共聚物材料也得到过关注[1)2)]。

此外，图 1 中的共混聚合物（Polymer Blend）也可以通过相分离来形成光刻图形。把不相容的均聚物溶液混合涂覆在引导图形上，就可以实现相分离，从而得到光刻图形。与引导图形极性相近的均聚物会沿着引导图形定向排列。与引导图形极性不同的均聚物也有序地排列其中。通过共混聚合物的相分离，可以实现收缩孔和沟状图形的收缩。

用共混聚合物制作条纹/沟槽（L/S）图形时，具有抗蚀性的聚合物可以在核心图形（光刻胶图形）的两侧有序排列。刻蚀加工时，侧壁部分会形成图形，半节距可以减小到原来的一半。

此外，向嵌段共聚物中添加均聚物[22)]或添加剂，可以改善相分离特性。

2. 用于DSA技术的微观相分离结构

图 2 显示了嵌段共聚物的微观相分离结构。嵌段共聚物形成的周期结构被称为微畴（Microdomain）。微观相分离状态被称为有序状态（Ordered State），反之，不处于微观相分离状态则称为无序状态（Disordered State）。如图 2 所示，对于 AB 型二嵌段共聚物，通过改变 A 链段和 B 链段的比例，可以改变微观相分离结构的形貌。

当 A：B 的比例约为 5：5 时，可以形成 A 与 B 的层状结构（Lamellae）。此时 A 和 B 都垂直于基板方向（Perpendicular Orientation），产生 -AB-BA-AB-BA- 的分层，或者说 AA-BB-AA 的分层。通过显影工艺将 A 或 B 消除，就在基板上产生了条纹/沟槽的图形。

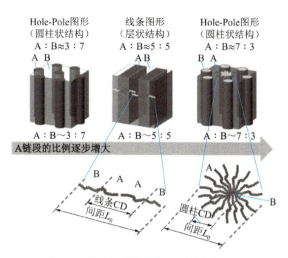

图 2　嵌段共聚物的微观相分离结构

在这种情况下，将 A 和 B 垂直配向于基板（垂直方向配向），通过显影去除 A 或 B，就可以形成 L/S 图形。如果 A 和 B 的比例相等，AB 块的堆叠将变成-AB-BA-AB-BA-的形式，形成 AA、BB 层的重复，也就是层片结构。

当 A:B 的比例约为 3:7 时，形成 A 的柱状结构。当 A:B 的比例约为 7:3 时，形成 B 的柱状结构。比例小的链段被比例大的链段包围，就会形成柱状结构。柱状结构垂直于基板排列。如果通过显影工艺去除柱状部分，就形成了收缩孔图形；如果通过显影工艺去除柱状结构周围的部分，就形成了柱状图形。柱状体按照六方格子（Hexagonal Array）排列。

当 A 或 B 的比例更小时，比例小的链段会形成球状结构。球的位置是不固定的，如果需要固定，必须有精心的设计。半导体器件图形化对图形的精度要求都非常高，因此很少出现球形结构的图形。

3. DSA 技术的图形尺寸和图形的粗糙度[1]

如图 2 所示，DSA 技术通过分子的大小（AA、BB 层的厚度）调整图形尺寸。层状结构的周期（即图形间距，微畴的周期 d）L_0 与 $aN^{2/3}\chi^{1/6}$ 成正比（高排斥力区域）。这里 a 是高分子片段的统计长度，N 是聚合物的聚合度，χ 是弗洛里赫金斯（Flory-Huggins）相互作用参数。由于 DSA 技术中聚合物的聚合度 N 与图形的间距存在相关性，所以通常通过改变 N 来调整图形的间距。

χ 值用于表示 DSA 材料中两种物质相互排斥的程度。当两种聚合物的溶解度差异大，难以混合时，χ 值会增大。

嵌段共聚物的相分离，以及 DSA 形成图形的能力取决于 A 和 B 之间的互斥力 χN。换句话说，当嵌段共聚物的 χ 和 N 值都较大时，相分离更容易发生。为了减小图形间距，如果减小聚合度 N 以便更容易发生相分离，则需要提高 χ 值。也就是说，为了推动微缩化，需要使用高 χ 的材料以满足相分离条件。在层状结构的情况下，平均场理论表明 $\chi N > 10.5$ 时会发生相分离。

对于 DSA 技术来说，控制微缩图形的图形边缘也是很重要的。嵌段聚合物之间混合界面的宽度与 $a\chi^{1/2}$ 成正比。因此，通过增加 χ 值，使 A 和 B 更加互相排斥，形成鲜明的界面，可以减小图形的粗糙度。在 DSA 技术中，整个工艺流程，包括显影在内，都需要努力优化图形边缘的粗糙度。

6.3 DSA 工艺的基本步骤 [1]

1. 通过引导图形对 DSA 材料进行定向

在半导体 DSA 技术中，首先要使用传统的光刻技术将掩膜图形转移到基板上，也就是通过"自上而下"的方式，在基板上形成与 A 或 B 聚合物链段具有亲和力的界面图形。然后通过"自下而上"的方式，定向排列聚合物链段，产生相分离图形。换句话说，DSA 技术是"自上而下"和"自下而上"两种图形技术的结合，可以形成传统光刻技术无法实现的微缩图形。DSA 工艺有时候也被称为 DSA 刻蚀工艺 DSAL（DSA Lithography）。而将相分离形成的图形用光刻工艺，这也被称为嵌段共聚物光刻 BCL（Block Copolymer Lithography）。

DSA 技术有两种主要的定向工艺，即物理定向和化学定向。

物理定向工艺是通过物理引导图形（台阶图形）的侧壁特性，使 DSA 材料定向且有规则地生长外延。例如利用沟槽图形的侧壁特性，使嵌段共聚物在沟槽间形成 AB-BA-AB-BA 的相分离，并形成图形。物理导向过程也被称为图形外延（Graphoepitaxy）。

化学定向工艺则利用基板表面的化学极性差异，在引导图形（预图形）上分布聚合物图形。化学定向工艺也被称为化学外延（Chemo-Epitaxy 或 Chemical Epitaxy）。

条纹图形和孔形图形都可以通过物理定向和化学定向两种方法来实现。但无论哪一种方法，都是利用系统界面自由能最小化原理，使链段发生退火，产生定向图形。在 300mm 晶圆上 DSA 工艺的验证已经获得了许多结果 [19,25,26,29,30,33]。

2. DSA 材料的涂覆

DSA 材料的涂覆使用旋涂法进行。把 DSA 材料溶解在溶剂中，喷涂到引导图形上，旋转基板以将溶液均匀涂抹，然后挥发掉不需要的溶剂，这样就可以在基板上得到厚度均匀的 DSA 材料。

此外，在形成中性膜、极性膜、非极性膜等单层膜时，还可以采用聚合物分子涂覆法。刷涂法是将聚合物分子链的末端连接到基板上，把后续的置换基涂覆在基板表面，形成膜层的涂覆方法。用旋涂法将聚合物分子刷涂覆在基板表面后，用有机溶剂冲洗多余的聚合物分子刷，只留下单层膜。单层膜就像地毯一样吸附在基板上，成为聚合物分子刷的单层薄膜。

3. DSA 材料的退火相分离

涂覆 DSA 材料后，进行热退火或溶剂退火，去除 DSA 材料的内部应力。在退火过程中，不同链段聚合物因排斥力而移动，产生相分离。此外，在退火过程中，链段还会被吸附到表面能量接近的引导图形上，产生定向自组装。退火结束后，DSA 的相分离结构就被固定在了薄膜中。

热退火是将基板放置在热板上，通过烘烤处理诱导嵌段共聚物发生相分离的过程。温度通常在 120~350℃ 左右。但是在高温下，嵌段共聚物会受到氧气的损害，导致图形定向不良。因此，热退火通常在低氧气氛中进行。考虑到量产时的晶圆产量，理想的退火时间为 5min 以下。希望能够找到退火时间短的材料和工艺。

溶剂退火是将基板放置在一种溶剂氛围中，并使溶剂吸附到基板表面，诱导嵌段共聚物相分离的过程[22]。例如，可以使用甲苯、丙酮、己烷等溶剂作为氛围。溶剂退火也可以与热退火结合使用[23]，退火温度可以因此降低。溶剂退火特别适用于高 χ 材料。在溶剂退火中，降低聚合物的有效 χ 值，使分子运动更容易，也有助于相分离。此外，通过调整溶剂氛围，可以使 DSA 材料更容易发生垂直定向。然而，从器件量产的角度考虑，由于溶剂退火会使工艺变得复杂，因此并不理想。

微相分离所需的时间随着分子量的增大和图形尺寸的增大而变长。因此，DSA 技术不适用于大尺寸图形。DSA 技术有望在 20nm 以内的微缩图形中实现，因为分子定向的时间比较短。此外，χ 值越高，所需的退火时间就越长。因此，材料的 χ 值不宜过高[24]。

4. DSA 材料的显影

相分离的嵌段共聚物中，A 和 B 的聚合物仅仅发生了分离，还没有形成图形，还需要通过显影工艺去除 A 或 B 中的一种链段。显影有干法显影和湿法显影两种方法。

干法显影是通过干法刻蚀进行显影的，利用刻蚀速度差异形成图形。

湿法显影是通过溶剂处理进行显影的。把共聚物放入一种溶剂中，由于 A 和 B 两种链段在溶剂中的溶解度不同，因此一方溶解，另一方形成图形。溶解度差异越大，溶解的选择比更强。

5. DSA 材料作为掩膜的底层处理

将 DSA 材料作为光刻掩膜，需要高选择比的刻蚀技术。嵌段共聚物显影后的图形高度通常低于 20nm。

研究人员已经尝试提高光刻的选择比[25][26]。有人提出，将金属材料选择性浸润到嵌段共聚物的一面可以增强干法显影的选择比[27]。金属浸润还会减少图形表面的应力，降低图形粗糙度。

6. DSA 材料的工艺设备

DSA 工艺需要专用的加工设备。退火处理、湿法显影、表面改性等工艺都需要特殊的模块来实现。东京电子公司的 CLEAN TRACK™ LITHIUS Pro™ Z 设备，就配置了适用于 DSA 工艺的特殊模块。刻蚀设备也要能够实现高选择比刻蚀工艺。

DSA 工艺相关材料 [20]

DSA 工艺的相关材料包括相分离材料（DSA 材料）和引导材料（固定膜、中性膜等）。以下是对各种材料要求的总结。

1. DSA 材料

对 DSA 材料的性能要求，包括稳定的相分离、可显影，不容易产生 DSA 图形缺陷等。以下介绍典型的嵌段共聚物 DSA 材料。

（1）PS-b-PMMA

作为面向半导体器件工艺的 DSA 材料，最受重视的是 PS-block-PMMA（PS-b-PMMA）嵌段共聚物。PS-b-PMMA 是由聚苯乙烯（PS）和聚甲基丙烯酸甲酯（PMMA）形成的嵌段共聚物，通过高度可控的活性负离子聚合等方法，控制分子量和共聚物的组成比例。

PS-b-PMMA 在 170～300℃ 的温度范围内热退火时会发生相分离。由于 PS 和 PMMA 的表面张力相近，在大气中进行热退火，可以形成 PS 和 PMMA 两者都与大气面有接触的图形。为了调整图形上表面的定向，DSA 图形可以在不使用特殊条件（如顶涂层或溶剂退火）的情况下形成，这是其优势所在。

PS-b-PMMA 的 χ 值约为 0.04[28]，12～16nm 尺寸的图形已经进入实用化研讨[19][21][25][26]。虽然更小尺寸的图形也是可实现的，但在实际应用中，认为其相分离特性不足。

使用 PS-b-PMMA，可以通过选择性显影来除去 PMMA。例如，可以使用氧气干法刻蚀选择性除去 PMMA（干法显影）。也可以先使用紫外线（UV）来分解 PMMA，然后在有机溶剂中选择性显影除去 PMMA（湿法显影）[29][30]。

PMMA 易于除去的原因是它含有易于裂解的四级碳原子，对紫外线和辐射非常敏感。PS 一侧则没有四级碳原子，反而含有高稳定性的芳香烃，不容易分解。因此 PMMA 和 PS 对等离子体和 UV 的抗性存在差异，可以选择性地除去 PMMA。

在 PS-b-PMMA 中，对于容易出现图形倒塌的条纹/沟槽图形，通常采用干法显影，而对于不容易出现图形倒塌的孔形图形，也可以选择湿法显影。

（2）高 χ 材料

为提高图形分辨率并降低图形粗糙度，研究人员对高 χ 材料进行了研究。

PS-b-PDMS 是一种公认的高 χ 材料。PS-b-PDMS 是由聚苯乙烯（PS）和聚二甲基硅氧烷（PDMS）组成的共聚物，表面 χ 值为 0.26[31]，比 PS-b-PMMA 高出近一个数量级，已经证明具有较高的图形分辨率（约 8nm）。

PS-b-PDMS 通过降低 PDMS 的含量，可以形成 PDMS 的柱状结构。如果将柱状结构水平排列（平行柱状结构），就可以形成条纹/沟槽图形。由于 PS 和 PDMS 的表面张力差异较大，不适合形成层状结构。

由于 PS-b-PDMS 中的 PDMS 含有-Si-O-骨架，经氧等离子体处理后会生成SiO_x，形成强大的抗蚀掩膜。而共聚物的有机物部分（如 PS）在氧等离子体中的刻蚀速度相对较快。因此通过 PS-b-PDMS 的异向刻蚀，可以在干法显影中形成条纹/沟槽图形，并保留 PDMS 条纹部分。如图 3 所示

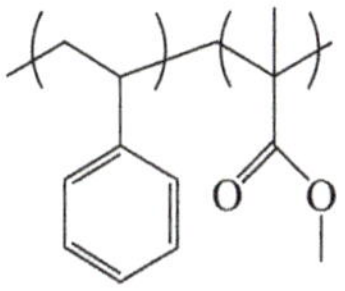

其他有机-无机型高 χ 嵌段共聚物也得到了广泛的研究，例如 PMMA-b-PMMAPOSS、MH-b-PTMSS、PS-b-PFS 等。

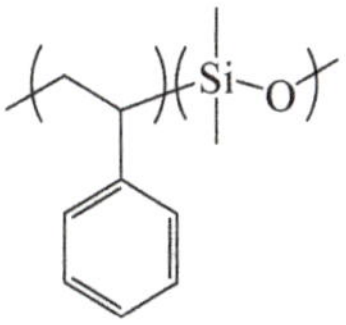

此外，有机-有机型高 χ 嵌段共聚物也得到了开发，例如 PS-b-PDLA、PS-b-PLA、PS-b-PEO、PS-b-PHOST 等。

关于 DSA 技术可用的材料，学术上已经做了大量研究。许多材料结构的详细信息，建议读者自行查阅[20]。

图 3　PS-b-PMMA 与 PS-b-PDMS

2. 中性膜

中性膜（Neutral Layer 或 Neutralization Layer）具有与各种极性材料不同的中间极性，是一种与各种材料都相容的膜。使用中性膜后，相分离后的两种链段都可以生长到晶圆基板表面，即可以使嵌段共聚物在基板表面发生垂直定向。中性膜通常是将各种嵌段共聚物中的低聚物进行随机聚合。例如，对应于 PS-b-PMMA，典型的中性膜是 PS-random-PMMA（PS-r-PMMA）。

中性膜的涂覆通常使用旋涂法。根据工艺流程，有时也可以将中性膜以聚合物分子刷的形式来涂覆薄膜。

中性物的极性可以通过改变 A、B 链段的配比来调整。能够使嵌段共聚物垂直定向在基板表面的配比，就是最理想的。

无机材料也可以用来作为中性膜。在这种情况下，刻蚀过程中无须除去中性膜，从而简化了工艺。但还是必须维持基板表面特性的稳定。

3. 固定膜

固定膜（Pinning Layer）是对嵌段共聚物中的一种聚合物具有强烈亲和性的膜（极性膜或非极性膜）。与中性膜一样，可以通过旋涂法或刷涂法进行涂覆。

固定膜经常将嵌段共聚物中的一种成分作为自身的组成部分。固定膜被加工后形成固

定膜图形。将嵌段共聚物中的一种链段吸附到固定膜图形上，从而固定住嵌段共聚物的位置。也可以在固定膜图形之间加入中性膜的图形，使最后形成的图形的间距增大。可反复使用固定膜图形，形成更加密集的图形。

4. 顶层膜

用于 DSA 的顶层膜（Topping Layer）是一种中性膜，涂覆在 DSA 材料的上表面。它也具有中间极性，可以很好地与任何一种极性的聚合物相容。即使在嵌段共聚物的两种聚合物表面能量差异很大的情况下（主要是对高 χ 材料），它们依然可以与顶层膜结合形成垂直排列的相分离结构。即使在大气中进行退火而不是使用溶剂退火，通过顶层膜，仍然可以使 DSA 材料表面极性中和。

与在 DSA 材料的底面涂覆并成膜的中性膜不同，顶层膜需要在 DSA 材料的上表面成膜。为了防止顶层膜溶解 DSA 材料，需要对涂覆系统（溶剂、工艺等）进行设计。有研究人员提议在涂覆时使用水溶液，这样的薄膜不会对 DSA 材料产生损伤[32]。在 DSA 材料显影之后涂覆顶层膜，可以确保膜有足够的厚度。

由于使用顶层膜会使工艺变得复杂，因此研究人员仍在寻找不需要顶层膜工艺的高 χ 材料[24)33)]。

5. 用于 DSA 工艺的光刻胶

在 DSA 工艺中，绘制引导图形的光刻胶材料需要具有足够的图形分辨率、尺寸稳定性和灵敏度等光刻特性。此外，保证图形尺寸的稳定性也非常重要，它关系到缺陷的发生。

不同的工艺步骤对光刻胶有特定的要求。物理引导工艺中，在涂覆 DSA 材料时，要求光刻胶不能溶解于该溶剂中。因此，有时会在涂覆 DSA 材料之前通过烘烤来固化光刻胶。在退火过程中，光刻胶材料不能流动，否则会对 DSA 定向性产生不良影响。

在化学引导工艺中，要求光刻胶在清洗工艺中便于清洗。在功能性薄膜上，例如中性膜或固定膜上进行图形化时，有时需要在刻蚀工艺之后去除光刻胶。此时就要确保光刻胶在刻蚀过程中不会发生变化，从而顺利地溶解在清洗液中。光刻胶剥离后，底层膜必须保持原来的极性（中性或极性），从而完成后续的工艺。

由于 DSA 工艺光刻胶存在以上特殊需求，因此为了确保整个工艺流程的实现，需要仔细选择能够满足要求的光刻胶材料。

6.5 DSA 工艺的模拟 [1)34)]

DSA 的流程设计、材料设计、缺陷控制等方面，都可以利用模拟计算来实现。由于 DSA

模拟存在精度和速度的权衡，因此必须根据实际需要来选择模拟的方案。

近年来，密度泛函理论（Density Functional Theory，DFT）[35)-38)]广泛应用在半导体 DSA 工艺设计中。在图形尺寸较大的情况下，它的计算量依然不是很高。密度泛函理论在 PS-b-PMMA 工艺中表现出了良好的再现性。

此外，自洽场理论（Self-Consistent Field Theory，SCFT）、耗散性粒子动力学（Dissipative Particle Dynamics，DPD）法、分子动力学（Molecular Dynamics，MD）法、蒙特卡洛（Monte Carlo，MC）法等也在 DSA 模拟计算中广泛应用。目前，DSA 工艺中的缺陷控制和改善，也正在通过模拟计算而积极研究[1)]。

DSA 引导图形的光学邻近效应（Optical Proximity Effect）修正模型，也在 DSA 的快速模拟计算中被提出和采用[39)]。

6.6 DSA 技术的优势和挑战 [1)19)25)26)]

随着 DSA 技术的研究和开发，DSA 技术的优势以及在实际应用中需要考虑的问题和限制也变得明确。作为新一代半导体图形技术，DSA 具有以下优势：

- 能够超越光刻技术的极限，将图形间距缩小到原来的几分之一。
- 可以减少掩膜版的数量，从而降低成本。
- 物理引导过程：

可以降低孔形引导图形的粗糙度。

可以改善孔形引导图形的特征尺寸（CD）均匀性。

可以保证条纹/沟槽图形的尺寸稳定性。

- 化学引导过程：

DSA 图形界面可以平滑条纹/沟槽引导图形的粗糙度。

嵌段共聚物的分子大小决定图形尺寸，尺寸均匀性可以有效保证。

可以形成等间距的重复图形（不会发生间距偏移）。

有时可以修复条纹/沟槽引导图形的缺陷。

有时可以修复孔形引导图形的缺陷。

接下来，我们针对实际应用，提出需要 DSA 技术考虑的特有问题。从实际工艺的角度出发，应对这些问题，以建立稳定的工艺。

- 满足量产需求的低缺陷水平，特别是要确保没有相分离缺陷。
- DSA 材料和工艺的量产稳定性（材料的分子量、组成、杂质、中性特性、固定层特性等）。
- DSA 图形相对于引导图形的偏差应足够小。

- 刻蚀过程中引导图形的尺寸变化足够小，不影响 DSA 工艺质量。
- 在台阶引导图形上涂覆 DSA 材料，需要在晶圆表面内保持足够的均匀性和膜厚的稳定性。
- 考虑 DSA 材料的定向特性和间距的器件图形布局。
- 考虑 DSA 影响的对准操作方法。
- 考虑 DSA 影响的套刻标记设计，以及套刻误差测量方法。
- DSA 材料相分离后状态的确认和尺寸测量方法。
- DSA 掩膜图形端部纹路裁剪的方法。

6.7 结语

　　DSA 技术正在创造超越光刻技术极限的全新可能性。为了应用于半导体器件的量产，DSA 技术还需要多方面的优化和改进。半导体行业、材料行业、设备行业和研究机构之间需要持续地开展合作。除了以设备制造商为中心的应用开发外，在全球的联合体和大学，如 EIDEC（日本）、imec（比利时）、CEA-Leti（法国）等，都应该立足长远，积极进行长期且实质性的开发。期待 DSA 技术能够充分利用分子的定向自组装特性，推动未来半导体设备的进一步发展。

文　献

1) 竹中幹人，長谷川博一：ブロック共重合体の自己組織化技術の基礎と応用，シーエムシー出版 (2013).
2) 渡辺順次：分子から材料までどんどんつながる高分子, 169-208, 丸善出版(2009).
3) 木原尚子：自己組織化リソグラフィ技術，東芝レビュー，67(4), 44(2012).
4) 平岡俊郎，浅川鋼児，喜多津哲：ナノテクノロジーテラビット磁気記録媒体を実現する新しいナノ加工技術，東芝レビュー，57(1), 13(2002).
5) 早川晃鏡：シングルナノパターニングに向けた高分子自己組織化リソグラフィと材料設計，機能材料，33 (5), 26(2013).
6) 浅川鋼児：自己組織化高分子薄膜を利用した電子デバイスの超微細加工，高分子，63(2), 102(2014).
7) 山口徹，山口浩司，16 nm 技術ノードへ向けたブロック共重合体リソグラフィ，NTT 技術ジャーナル 2007. 2, 9(2007).

8) 真辺俊勝：自己組織化リソグラフィ〜より高性能で低コストな半導体の実現を目指して〜, NanotechJapan Bulletin, 6(5), 1(2013).
9) C. T. Black et al.: IBM J. Res. & Dev., 51(5), 605(2007).
10) F. S. Bates and G. H. Fredrickson: Annu. Rev. Phys. Chem., 41, 525(1990).
11) W. Li and M. Müller: Prog Plym Sci(2015), http://dx.doi.org/10.1016/j.progpolymsci.2015.10.008.
12) A. Nunns et al.: Polymer. 54 1269(2013).
13) M. J. Fasolka and A. M. Mayes: Annu. Rev. Mater. Res. 31, 323(2001).
14) W. Hinsberg et al.: Proc. of SPIE, 7637, 76370G-1(2010).
15) M. P. Stoykovich and P. F. Nealey: Materials Today, 9(9), 20, (2006).
16) S.-J. Jeong et al.: Materials Today, 16(12), 468(2013).
17) C. Harrison et al.: Lithography with Self-Assembled Block Copolymer Microdomains, in Developments in Block Copolymer Science and Technology(ed I. W. Hamley), John Wiley & Sons, Ltd, Chichester, UK. doi: 10.1002/0470093943.ch9(2004).
18) G. A. Ozin, et al.: Materials Today, 12(5), 12(2009).
19) R. Gronheid et al.: J Photopolym Sci Technol, 26(6), 779, (2013).
20) S. Minegishi et al.: J Photopolym Sci Technol, 26(6), 773, (2013).
21) T. Azuma: J Photopolym Sci Technol, 29(5), 647, (2016).
22) M. P. Stoykovich et al.: Science, 308(5727), 1442-6(2005).
23) Kevin W. Gotrik and C. A. Ross: Nano Lett., 13(11), 5117(2013).
24) Shih-wei Chang et al.: Proc. SPIE, 8680, 86800F(2013).
25) B. Rathsack et al.: Proc. SPIE, 8323, 83230B(2012).
26) M. Somervell et al.: Proc. SPIE, 9051, 90510N(2014).
27) Arjun Singh et al.: Proc. of SPIE, 9425, 94250N(2015).
28) T. P. Russell et al.: Macromolecules, 23, 890(1990).
29) M. Muramatsu et al.: J. Micro/Nanolith. MEMS MOEMS. 11(3), 031305(2012).
30) Y. Seino et al.: J. Micro/Nanolith. MEMS MOEMS. 12(3), 033011(2013).
31) T. Nose, Polymer, 36, 2243(1995).
32) Christopher M. Bates et al.: Science, 338(6108), 775(2012).
33) Eri Hirahara et al.: Proc. of SPIE, 9425, 94250P(2015).
34) H. Morita: J Photopolym Sci Technol, 26(6), 801, (2013).
35) T. Ohta and K. Kawasaki: Macromolecules, 19, 2621(1986).
36) T. Ohta and K. Kawasaki: Macromolecules, 24, 2621(1986).
37) K. Yoshimoto: J Photopolym Sci Technol, 26(6), 809, (2013).
38) M. Muramatsu et al.: Proc. SPIE, 9777, 97770F(2016).
39) K. Lai: Proc. of SPIE, 9052, 90521A(2014).

第 7 章

光刻胶材料的发展趋势

7.1 引言

随着近几十年大规模集成电路（LSI）的惊人发展，LSI 已经被应用在了各种各样的电子设备中。其中代表性的新型电子设备，如智能手机，已经深刻地改变了人们的生活方式。支撑 LSI 不断进步的关键技术之一是光刻技术。光刻技术的发展离不开光刻胶的发展。在这里我们将回顾过去 40 年，光刻胶的主要发展历程。

7.2 光刻胶技术的转折点

要了解光刻胶技术的发展历程，可以从光刻图形分辨率的进化史来看，如图 1 所示（对历史数据有所修正[1]）。图中的圆圈表示光刻设备的演变，其中仅标有波长的部分表示微缩投影光刻设备。在设备发展线上方的一条线表示光刻胶的种类，再往上一条线表示显影的方法，最上方一条线表示光刻胶所含有的聚合物。图中还标出了光刻胶发展中的三个重要的转折点。

在第一次转折点，曝光方式从接触式曝光转变为微缩投影曝光，光刻胶也从负胶变为正胶，显影方式从有机溶剂显影变为使用 TMAH（四甲基氢氧化铵）碱性水溶液显影。

接触式光刻机的挑战在于提高精度，同时减少对掩膜的损伤。改为投影曝光方式后，掩膜和光刻胶不再紧密接触，从而消除了对掩膜的损伤，并且传统的晶圆整体曝光转变为芯片尺寸级的曝光，每次曝光时进行芯片级的掩膜和晶圆的位置对准，提高了精度。微缩投影光刻机由于光学部件的透射率、色差校正等要求，曝光波长必须使用 g 线（436nm）。

此时，由于曝光波长的限制，必须从环化橡胶-联苯胺负光刻胶转变为对 436nm 波长敏感的重氮萘醌（DNQ）-酚醛脂型正光刻胶。环化橡胶-联苯胺光刻胶存在分辨率不足的问题，这是由于在显影过程中曝光区域发生膨胀，导致分辨率下降，详细描述在本章的"显影液的演变"中。使用 DNQ-酚醛树脂正光刻胶，以及 TMAH 水溶液显影，分辨率得到了提高。从那时起直到使用负型显影（Negative Tone Development）之前，碱性显影液的使用一直没有变化。总之，第一个转折点在光刻机、光刻胶和显影液方面都发生了变化，是一个值得关注的重要转折点。

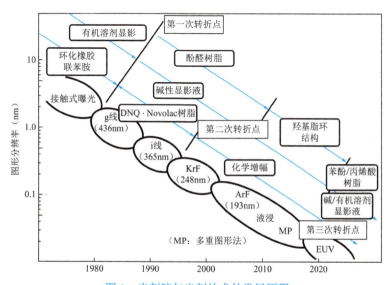

图 1　光刻胶与光刻技术的发展历程

第二次转折点，光刻机的光源从超高压水银灯转变为 KrF 准分子激光（248nm），光刻胶从 DNQ-酚醛树脂型变为化学增幅光刻胶。在图形分辨率提高的同时，由于超高压水银灯在 300nm 以下波段的发光强度较低，只能改用 KrF 准分子激光。然而，即使使用 KrF 准分子激光，与 i 线微缩投影光刻机相比，晶圆上的曝光强度也下降了近一个数量级。因此，需要具有高灵敏度的光刻胶[2]，于是人们开发出了化学增幅光刻胶。

第三个转折点的标志，是 EUV 光刻技术的引入。当然也可以把 ArF 光刻技术的出现作为第三次转折点的标志。在光刻机方面，人们投入了大量的努力，研发出了 ArF 准分子激光和对 193nm 波长透过率高的光学材料。在光刻胶方面，由于光吸收问题，与 TMAH 碱性显影液匹配的苯酚树脂不再适合作为光刻胶的基础聚合物，而是利用羧酸在碱中的溶解性开发出了甲基丙烯酸树脂聚合物。考虑到这些因素，这可以说是一个重要的转折点。光刻机依然是微缩投影光刻机，光刻胶依然是化学增幅光刻胶，但是 EUV 光刻机的照明机制是反射型的，光源也使用了特殊的等离子体发光。此外，在光刻胶方面，尽管仍然使用传统的化学增幅光刻胶，但其感光机制与之前是完全不同的。

7.3 曝光波长的缩短和光刻胶的光吸收

如图 1 所示，光刻技术的趋势是通过缩短曝光波长来提高分辨率。自 1970 年代后期以来，光刻装置使用 g 线（436nm）作为光源，目前已经在量产中普遍使用 ArF 准分子激光（193nm）作为光刻机的光源。随着曝光波长的缩短，光刻胶材料也必须与时俱进，克服重重挑战。其中，降低光刻胶中基础聚合物的光吸收成为一个重要的问题。

光刻胶的成分是感光剂、基础聚合物和溶剂。感光剂的作用最为重要，它能吸收光，发生光化学反应，引起光刻胶性质的变化，使发生反应后的光刻胶在显影中溶解。光化学反应的程度与感光剂吸收的光成正比。而在光刻胶中占据较大比例的基础聚合物，也会吸收光。应该尽可能减少基础聚合物对光的吸收，让感光剂充分感光。

图 2 列举了代表性的光刻胶基础聚合物酚醛树脂（PF）、聚苯乙烯（PS）、甲基丙烯酸甲酯（PMMA）的吸收光谱。对于 g 线（436nm）光源，酚醛树脂中的线性酚醛树脂（Novolac）是光刻胶的聚合物基质，重氮萘醌（DNQ）是感光剂。但是当光源从 g 线改为 i 线（365nm）时，感光剂的吸收过强，也成为一个问题。问题不在于 DNQ 本身，而在于 g 线感光剂 DNQ 的骨架是四羟基二苯甲酮。由于二苯甲酮在 i 线上有吸收，因此需要使用在 i 线上没有吸收的多酚作为 DNQ 的骨架[3]。

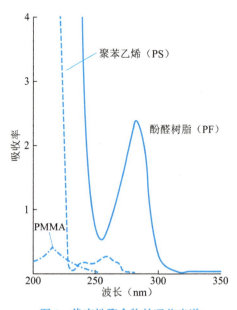

图 2　代表性聚合物的吸收光谱

在以 KrF 准分子激光（248nm）为光源的光刻技术中，主要问题在于酚醛树脂的光吸收过强。为了使用 KrF 准分子激光，将酚醛树脂的基础聚合物改为聚对羟基苯乙烯（PHS），它在 248nm 处的吸收非常弱（如图 2 所示），提高了光刻胶的透射率。

采用 ArF 准分子激光（193nm）作为光源后，需要继续改进酚醛树脂。虽然图 2 没有显示 193nm 波长的情况，但从酚醛树脂和聚苯乙烯的吸收光谱的延伸中可以想象到光吸收是巨大的。这种强烈的吸收是由于苯环等芳香族化合物吸收带（π-π* 允许跃迁）在 193nm 处发生重叠所致。它影响了化学放大系统光刻胶中酸发生剂的光吸收，尤其是在光刻胶膜的下部，严重影响了酸的产生。因此，ArF 光刻技术的光刻胶采用了在 193nm 处光吸收较小的丙烯酸类聚合物作为基础聚合物。

采用 ArF 光源时一直要努力提高光刻胶聚合物的透射率。然而，到了 EUV 光刻的时代，反而需要努力增大光刻胶的光吸收。从 g 线到 ArF 激光的光波长范围内，光吸收都是由分子外围低能量轨道的电子向高能量的轨道转移引起的。而波长 13.5nm 的 EUV 属于 X 光波段，它与光刻胶组成物质中的原子相互作用，伴随着光电子释放，EUV 能量被吸收。光刻胶吸收 13.5nm 波长的光，是由光刻胶中的构成原子及其吸收系数决定的。由于 EUV 光刻机中 EUV 光源的强度不足，就需要光刻胶有较高的灵敏度，必须努力增强 EUV 光刻胶的吸收能力，例如可以在光刻胶中增加金属元素等。

7.4 显影液的演变

如图 1 所示，从第一次转折点开始，显影液一直采用的是 2.38%的四甲基氢氧化铵（TMAH）碱性显影液。关于使用有机溶剂负性显影（Negative Tone Development）的问题，将在后面进行讨论，现在先介绍一下使用 TMAH 碱性显影液的原因。

对于联苯胺-环化橡胶类的负型光刻胶来说，显影时光刻胶会湿润膨胀，导致图形分辨率下降。根据凝胶化理论，当平均每个聚合物分子形成一个交联点时，聚合物就开始凝胶化（不溶解）[4]。显影液对曝光区和非曝光区的亲和性相差不大。非曝光区发生的交联比较少，也会发生局部的凝胶化，只是变化程度很小，不会因交联而溶解，但会发生湿润膨胀。如图 3 所示，当转移图形的条纹间距比较窄时，由于光刻胶的湿润膨胀，条纹之间可能发生相互接触。如果是单独的一条线，它不会与旁边的线接触，但是会出现条纹弯曲。显影结束干燥去除溶剂时，就会看到条纹接触或弯曲的现象，对图形的分辨率非常不利。

因此就需要找到一种在显影过程中不发生湿润膨胀，且具有高分辨率的光刻胶，于是研究人员研发出了 DNQ-Novolac 光刻胶。将基础聚合物 Novolac（线性酚醛）树脂涂覆在硅片上，烘烤后浸泡在 TMAH 显影液中，可以观察到其溶解行为。从上方观察显影液时，随着 Novolac 树脂的溶解，会看到干涉条纹的变化。之所以能观察到干涉现象，如图 4 所示，是因为光刻胶表面反射光和来自基板表面的反射光发生了干涉。随着时间的推移，Novolac 树脂在显影液中渐渐溶解，厚度变薄，因此干涉的光程差改变，干涉条纹就发生了变化。这也意味着光刻胶表面与显影液有明显的分界面，并且在光学上是平坦的，没有湿润膨胀层（或者可以忽略不计），于是转移图形就可以具有较高的图形分辨率。这种显影称为"非膨胀显影"。DNQ 系列光刻胶的这种性质，使它被广泛应用于大规模集成电路的制造工艺中。关于聚合物是如何溶解的，我们只能推测，可能是随着聚合物中氢氧根离子的渗入，一定比例的酚羟基变为酚酸盐，从光刻胶上逐渐剥离。图 5 展示的就是这种推测。

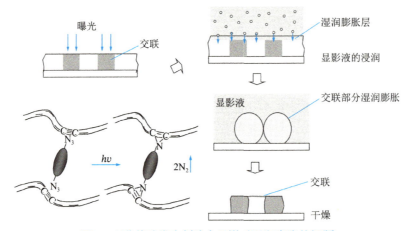

图 3　环化橡胶类光刻胶在显影时湿润膨胀的问题

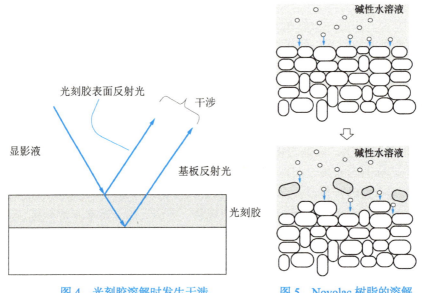

图 4　光刻胶溶解时发生干涉　　　　图 5　Novolac 树脂的溶解

在 ArF 光刻技术中，为了提高分辨率，有时会使用有机溶剂负性显影（NTD）的方法[5]。为什么会回归到有机溶剂显影的情况？让我们思考一下。NTD 显影，是在有机溶剂负性显影液中溶解 ArF 化学增幅正光刻胶。使用 NTD 显影，必须满足以下两个条件：一是在 LSI 的制造工艺中，负性显影的对比度更好；二是有机溶剂显影的膨胀相比于 TMAH 显影更少。EIDEC 的井谷等人使用开发的高速 AFM[6]研究了 EUV 化学增幅光刻胶的溶解行为，发现在正性显影（2.38%TMAH）中，在显影初期就可以看到膨胀，而在负性显影（有机溶剂显影）中膨胀现象较少[7]。

前面已经说明过使用碱性显影液的原因，是因为 DNQ-Novolac 光刻胶在碱性显影过程中没有（或很少）膨胀，提高了图形分辨率。关于在 Novolac 树脂中膨胀层很小的问题，需要通过原子力显微镜（AFM）的测量来确认。需要采用 NTD 显影的情况是分辨率在 40nm 以下，膜厚 50nm 左右。讨论非膨胀显影时，需要注意图像分辨率、膜厚和基础聚合物种类的差异。

7.5 感光胶的感光机制演变及对比度提高

在第一个转折点上，g 线（438nm）和 i 线（365nm）使用的 DNQ-Novolac 树脂中，感光机制是逐次反应。通过曝光，DNQ 变为碳酸茚（Indene Carbonate），曝光部分开始在碱性显影液中溶解。这是一个通过光吸收而逐步发生的光化学反应。在 i 线光刻胶的制备中，为了提高分辨率，对溶解对比度（曝光部分和未曝光部分的溶解速度差异）进行了改进。首先是研究 Novolac 树脂这种基本聚合物的分辨率影响因素，如分子量、分子量分布、异构体、结构样式等。通过使用 Novolac 树脂，调查了由曝光引起的溶解速度变化，在未曝光部分，Novolac 树脂与 DNQ 相互作用抑制树脂的溶解，而在曝光部分，DNQ 发生分解可以促进树脂的溶解效应。通过研究这些因素之间的关系，最终改善了溶解对比度[3]。

在 KrF 和 ArF 激光用的光刻胶中使用了化学增幅型光刻胶。在化学增幅型中，曝光产生酸，并引发后续的酸催化反应。酸催化反应的生成物会再次产生酸，这种酸继续引发新的酸催化反应，不断重复。酸催化反应的生成物的量远远超过酸的量，因此被称为化学增幅型反应。在光刻胶中，酸催化反应导致了光刻胶溶解性的显著变化，因此又称为溶解性反转反应。

在 EUV 光刻中，由于 EUV 光源的强度不足，因此需要使用化学增幅型光刻胶。然而，其感光机制与 g 线（436nm）、i 线（365nm）、KrF（248nm）、ArF（193nm）的曝光情况完全不同。对于 g 线、i 线、KrF 和 ArF 曝光来说，感光剂（如 DNQ）和酸发生剂吸收光而被激发，产生碳酸茚或酸，基体聚合物并不参与光吸收过程，光刻胶分子不发生电离。然而在

13.5nm 的 EUV 曝光中，当 EUV 被光刻胶中的原子吸收时，会产生光电子，随后通过电子诱导的反应生成新的酸，基体聚合物参与了这个过程，光刻胶分子会发生电离。这是 EUV 光刻胶与前面几种光刻胶的显著区别。根据文献报道[8]，EUV 照射生成酸的机制如图 6 所示，这种机制可能适用于构成光刻胶的所有原子。由于 EUV 光源强度不足，因此提高光刻胶的感光性和吸收性也是一个重要的研究方向。

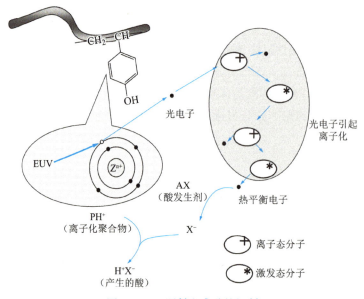

图 6　EUV 照射生成酸的机制

另外在曝光波长缩短的情况下，还需要注意曝光量和曝光光子数的关系。曝光量以 mJ/cm^2 为单位，表示单位面积上获得的能量。当曝光波长缩短时，对于相同的曝光量，光子数会减少。例如，EUV（13.5nm）的光子能量约为 ArF 激光（193nm）的 14 倍，所以同样的曝光量情况下，EUV 的光子数量是 ArF 的 1/14。在提高 EUV 光刻胶感光度的同时，要注意曝光光子数的变化。

7.6　分辨率限制与分子尺寸的考察

对于未来的微缩化，业内已经开始讨论 10nm 和 7nm 的分辨率[9]。在这一分辨率水平上，需要光刻胶中聚合物的大小。目前，线宽粗糙度（LWR）是识别分子大小和聚合物尺寸的一个因素。关于聚合物尺寸的估计，可以考虑基于自由链模型的计算以及分子动力学等计算方法。在这里，考虑到聚合物的分子量是通过 GPC 测量得到的，所以我们选择聚苯乙烯的尺寸作为 GPC 测量中分子量的标准。

聚苯乙烯的尺寸（惯性半径 s_0 的均方根）如下 [10]，其中 M_W 是分子量：

$$(<s_0^2>)^{1/2} = 2.75 \times 10^{-1} \times \sqrt{M_W}\, \text{Å} \tag{1}$$

图 7 展示了 s_0 和 M_W 之间的关系。EUV 光刻胶聚合物的分子量预计在 1000 到 10000 之间。如果设为 1000，惯性半径的均方根为 8.7Å，而在 10000 时惯性半径为 27.5Å。它们的直径分别为 17.4Å（1.7nm）和 55Å（5.5nm）。由于聚合物的尺寸是在溶液中估算的，因此预计在实际制成膜时，其尺寸将变得更小。当溶液中的聚合物被涂覆时，图 8 显示了涂覆后包含溶剂的状态，以及经过烘烤后溶剂挥发的状态。在溶剂挥发后，聚合物尺寸变小，膜厚减小，并显示了聚合物之间发生缠绕的情况。无论如何，如果要达到 10nm 级别的分辨率，就不得不考虑聚合物的大小。

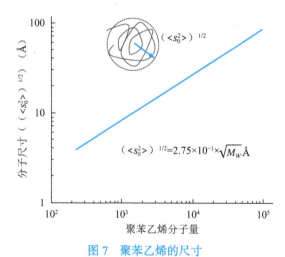

图 7　聚苯乙烯的尺寸

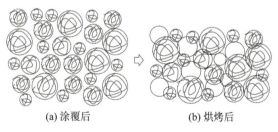

(a) 涂覆后　　(b) 烘烤后

图 8　考虑聚合物尺寸涂覆后和烘烤后的膜结构

光刻胶膜结构是通过涂覆工艺形成的，在曝光引起的酸及其后续的酸催化反应，以及与聚合物溶解相关的显影过程中，需要在分子级别上进行考虑。在这里，我们通过简单的模型来考虑显影过程。光刻胶薄膜由聚合物、感光剂以及其他添加剂等组成，可以考虑三种结构（图9）。图9（a）是将聚合物以块状结构堆砌的石墙模型，图9（c）是聚合物绳状交织的绳模型，图9（b）是两种情况都存在的混合模型。在这里，仅显示了聚合物，省略了感光剂和其他添加剂。

尽管光刻胶的显影过程涉及的溶解机制尚未完全阐明，但让我们考虑一下石墙模型聚合物溶解机制（图10）。在这张图中，假设这是一个具有碱性亲和性的羧基或酚羟基的聚合物。在碱性显影液中，显影液渗透到光刻胶膜中，氢氧根离子（OH^-）可能使酚羟基或羧基发生离子化，在聚合物中呈现点状分布。沿着聚合物间的缝隙，氢氧根离子以及阳离子渗透进入，形成显影液渗透通道，最终导致溶解。这种溶解过程，可以用来解释聚合物分子逐个溶解的情况，也可以解释聚合物团块集体溶解的情况。如果是聚合物分子逐个溶解，当溶解通道保留了疏水部分时，未溶解的聚合物就有可能留在膜上。如果是聚合物团块集体溶解，虽然团块中心部分的溶解性可能不足，但被渗透通道包围的部分会溶解，带走整个团块。图10右侧的图片解释了这样的集体溶解现象。

集体溶解的现象在聚合物分子量较小的情况下也有可能发生。从粗糙度的角度来看，与逐个溶解相比，集体溶解导致的线宽粗糙度（LWR）可能会更大。因此如果减小光刻胶聚合物的尺寸，根据溶解机制可以推测，会对图形分辨率和粗糙度产生较大影响。

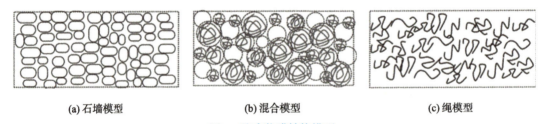

(a) 石墙模型　　　(b) 混合模型　　　(c) 绳模型

图9　聚合物膜结构模型

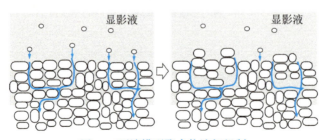

图10　石墙模型聚合物溶解机制

在图8所示的烘烤后的膜中，如果有一些聚合物纠缠在一起，即使形成了溶解通道，也有可能不足以发生溶解现象。如果有一些部分容易溶解，就会优先发生溶解，并带动周围一起溶解。可以理解显影溶解过程在很大程度上依赖于光刻胶膜的结构以及对显影液的亲和性分布。在未来的光刻胶开发中，应当考虑这些因素。

7.7 结语

EUV光刻技术的开发已经进入最后阶段，当其达到实用化水平时，预计将具有比EUV波长更小的分辨率，也就是超强的分辨率。随着基于EUV感光机制的光刻胶的开发，我们将基于分子尺度来提高光刻胶的灵敏度、分辨率，改善线宽粗糙度。另一方面，为了提高LSI的总体性能，预计还将把光刻工艺与封装技术结合在一起进行开发，例如3D封装等多芯片组合的封装技术。

文　献

1) 岡崎，鈴木，上野：「はじめての半導体リソグラフィ技術」，工業調査会，229(2003).
2) 岡崎，鈴木，上野：「はじめての半導体リソグラフィ技術」，工業調査会，102(2003).
3) 花畑：「半導体・液晶ディスプレイフォトリソグラフィ技術ハンドブック」，石橋，上野，鵜飼，嘉代，田中編集：リアライズ理エセンター，126(2006).
4) A. Charlsby: "A theory of network formation in irradiated polyesters", Proc. Roy. Soc., A241, 495(1957).
5) S. Tarutani, K. Fujii, K. Yamamoto, K. Iwato and M. Shirakawa: J. Photopolym. Sci. Technol., 25, 109 (2012).
6) J. J. Santillan and T. Itani: In situ Analysis of the EUV Resist Pattern Formation during the Resist Dissolution Process, J. Photopolym. Sci. Technol., 26, 611(2013).
7) T. Fujimori, T. Tsuchihashi and T. Itani: Recent Progress of Negative-tone Imaging Process and Materials, J. Photopolym. Sci. Technol., 28, 485(2015).
8) T. kozawa and S. Tagawa: Radiation Chemistry in Chemically Amplified Resists, Jpn. J. Appl. Phys., 49, 030001(2010).
9) http://eetimes.jp/ee/articles/1609/21/news035_2.html.
10) 五十嵐，塩見，手塚：高分子サイエンス One Point-1「高分子の分子量」，共立出版，31(1992).

第 8 章

含金属光刻胶材料技术

8.1 初期的含金属光刻胶

初期的含金属光刻胶，是由贝尔实验室使用溅射等方法制备的氧化铁（Fe_2O_3）[1]。在电子束刻蚀后，使用盐酸水溶液显影并制备了负型图形。与传统的有机材料光刻胶相比，这种光刻胶被称为无机光刻胶。

作为可旋涂的含金属光刻胶，日立制作所报道了聚钨酸系列光刻胶[2]。他们合成了非晶态的过氧异（碳）聚钨酸(HPA：Peroxohetero (Carbon) Polytungstic Acid)。将添加铌（Nb）的 HPA 作为含金属光刻胶，经电子束照射后，用稀硫酸显影形成了负型图形。电子束照射的曝光量为 $10\mu C/cm^2$，形成了线宽为 300nm 的图形。

使用溶胶凝胶法的含金属光刻胶也已经被报道。近畿大学对化学修饰的锆（Zr）和钛（Ti）金属醇盐，采用紫外线照射，制备了金属氧化物图形[3]。他们通过 β-二酮生成稳定的螯合环，制备了金属氧化物的凝胶膜。在 365nm 波长的紫外线照射下，分解了 β-二酮，用硝酸水溶液显影，制备了负型图形。

8.2 EUV 含金属光刻胶的特点

近年来，作为 EUV 光刻的光刻胶材料，含金属光刻胶也备受关注。如图 1 所示，许多金属原子的 EUV 吸收截面较大[4]，可能开发出高灵敏度的 EUV 光刻胶。金属氧化物具有良好的抗刻蚀性，因此光刻胶可以薄化。由于图形的深宽比（Aspect Ratio）较小，因此在显影冲洗时可以减少图形倒塌，并且也有望提高图形分辨率。

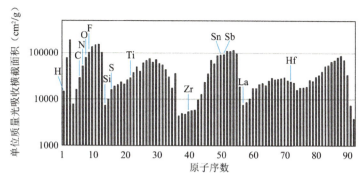

图 1　各种原子的单位质量光吸收横截面积 [4]

8.3　康奈尔大学、昆士兰大学、EIDEC 的含金属光刻胶

康奈尔大学将高折射率光刻胶和液浸溶剂研究 [5] 中获得的金属氧化物纳米颗粒应用于 EUV 光刻。他们用金属醇盐溶液进行水解和缩聚反应，通过溶胶凝胶法合成了金属氧化物纳米颗粒的胶体溶液，并通过进一步促进反应形成固体凝胶。具体而言，就是用铪醇盐和羧酸合成了以氧化铪（HfO_2）为核心、羧酸为壳层分子的纳米颗粒。将这种含金属光刻胶通过 KrF、电子束或 EUV 曝光。在有机溶剂中显影时，起负光刻胶作用；经过后烘（PEB）使用碱性水溶液显影，则起正光刻胶作用 [6]。

含金属光刻胶具有优异的干法刻蚀耐性。例如，使用甲基丙烯酸（MAA：Methacrylic Acid）配位稳定化的 HfO_2 纳米颗粒，在 SF_6/O_2 等离子体刻蚀中刻蚀速率是聚对羟基苯乙烯（PHOST：PolyHydroxystyrene）的 1/25，具有良好的干法刻蚀耐性 [7]。后文中，这类光刻胶成分将被记为例如 HfO_2-MAA 的形式。而 ZrO_2-MAA 在 CF_4 和 SF_6/O_2 等离子刻蚀中体现出的刻蚀耐性是 PHOST 的 6～14 倍 [7]。

高灵敏度的含金属光刻胶也被报道出来 [8]。添加了非离子型光酸发生剂（PAG）HNITf 的 ZrO_2-DMA 或 HfO_2-DMA 光刻胶，在劳伦斯伯克利实验室的 EUV 光刻机中，在约 $2mJ/cm^2$ 的曝光量下，制备出了 20nm 线宽的图形。

含金属光刻胶的反应机制已经得到研究 [9]。通过测量 EUV 曝光前后 HfO_2-MAA 和 ZrO_2-MAA 光刻胶的红外光谱，确认了 EUV 曝光量不依赖于 MAA 壳层分子双键峰的强度，表明双键交联反应不会发生。游离的 PAG 阴离子在曝光后配位，同时，曝光后配位的羧酸离子游离，这说明，这种变化与曝光量和 PEB 时间相关。因此，认为 EUV 曝光会引起配位基团的置换反应。

除了置换反应，研究人员还指出了由于纳米粒子凝聚导致的负效应 [10]。对 HfO_2-DMA、HfO_2-MAA 和 HfO_2-BA 光刻胶进行 254nm 紫外线照射，并通过动态光散射进行颗粒尺寸分析。结果表明，随着照射量的增加，颗粒尺寸也增大。他们认为，紫外光照射导致表面配位基团的变化以及纳米粒子表面电荷的改变，从而引起纳米粒子凝聚现象。昆士兰大学也使用溶胶凝胶法合成含金属光刻胶，并通过动态光散射观察光刻胶随时间的变化，证明凝聚现象导致光刻胶性能下降，与显影残渣和 LER 的增加有关 [11]。

使用溶胶凝胶法制备的纳米粒子具有由金属含氧酸核心和有机分子外壳组成的核壳结构。日本 EUVL 基盘开发中心（EIDEC）报道了使用溶胶凝胶法制备的含金属光刻胶，如图 2 所示 [12]。EIDEC 与日本产业技术综合研究所合作，使用扫描透射电子显微镜（STEM）直接观察了这种核壳结构，并通过电子能量损失谱（EELS）等手段鉴定了光刻胶成分 [12]-[14]。在图 3（a）的 ZrO_2-MAA 光刻胶薄膜的结果中，白色亮点表示 Zr 原子形成的核心，周围模糊的灰色部分是包围在外的 MAA，可见即使在薄膜状态下也保持了核壳结构。这种聚集状态取决于核心和外壳的化学成分。TiO_2-MAA 光刻胶中也已确认了存在以 TiO_2 为核心的聚集 [12][13]。此外，虽然 STEM 直接测量了核心的尺寸，但动态光散射的测量结果可能与 STEM 测量结果不同，也指出了用动态光散射法测量颗粒大小的困难性 [14]。从图 2 中可以看出，溶胶凝胶法合成的金属含氧酸核心并非结晶，而是非晶结构 [12]-[14]，并且 X 射线散射测量的结果也证实了这一点 [11][12]。

图 2　EIDEC 报道的含金属光刻胶图形 [12]

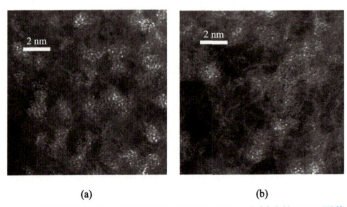

图 3　（a）展示了 ZrOx-MAA 和（b）TiOx-MAA 光刻胶的 SEM 图像 [12]

EIDEC 使用溶胶凝胶法合成含金属纳米粒子，并添加 PAG 等成分，开发了含金属光刻胶 ESMR，并对工艺进行了优化[15]。结果显示，在 7mJ/cm² 的曝光量下，能够以 17nm 的分辨率成像，LWR 为 5.6nm。ESMR/SOC 的双层工艺成功实现了 20nm 线宽的图形转移。

8.4 含金属光刻胶的构成

8.4.1 含金属光刻胶中的金属元素

含金属光刻胶中常见的金属元素包括 Ti[12)-14)16)]、Zr[7)-9)11)-13)17)]、Hf[6)-12)14)17)-20)]、La[17)]、Sn[21)22)]、Sb[23)]等。在同一种光刻胶中可能只含有一种金属元素，也可能是多种金属元素的复合物。

8.4.2 含金属光刻胶中的配位体

如前所述，含金属光刻胶纳米颗粒的核心是非晶态的金属含氧酸等，其对应的离子为阴离子，如羧酸（RCOO⁻）等[6)]。含金属光刻胶中的一些化合物如图 4 所示，包括甲基丙烯酸（MAA）[7)10)12)-14)]、2,3-二甲基丙烯酸（DMA）[8)10)]、苯甲酸（BA）[9)10)14)]、异丁酸（IBA）[11)]、3-三甲氧基甲基丙烯酸丙基甲酯（TSM）[14)]、4-乙烯基苯甲酸（4VBA）[23)]，是含金属光刻胶中的添加材料之一。除了这些，还有一些配位基团，如羟基 OH^- [17)-19)]、过氧化物 O_2^{2-} [17)-19)]、硫酸根离子 SO_4^{2-} [17)-19)]、亚硫酸根离子 SO_3^- [2)-9)]。

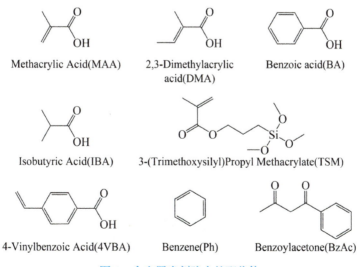

图 4　含金属光刻胶中的配位体

8.4.3 含金属光刻胶中的添加剂

除了核壳成分之外，含金属光刻胶中还添加了各种化合物。图 5 展示了其中的一些化合物。N-羟基萘酰亚氟甲磺酸酯（N-Hydroxynaphthalimide Triflat）HNITf[10]、三苯基磺酰亚氟甲磺酸盐（Triphenylsulfonium Trifluoromethanesulfonate）TPS-Nf[11]、2,2-二甲氧基-2-苯基乙酮（2,2-Dimethoxy-2-Phenylacetophenone）DPAP[10]，这些都是用作光酸发生剂（PAG）的材料。

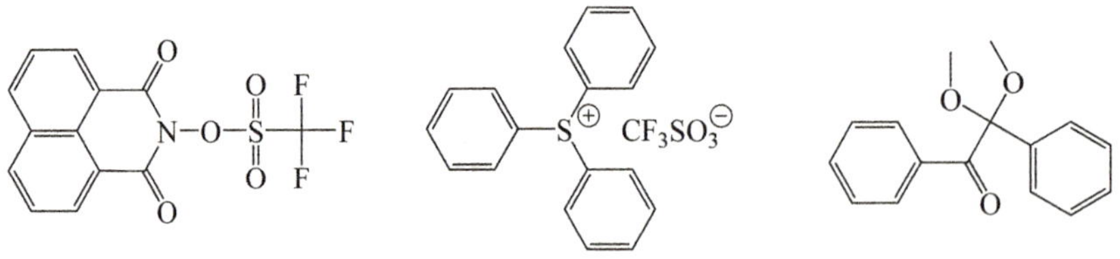

(a) N-羟基萘酰亚氟甲磺酸酯　　(b) 三苯基磺酰亚氟甲磺酸盐　　(c) 2,2-二甲氧基-2-苯基乙酮

图 5　含金属光刻胶中的添加剂

8.5　俄勒冈州立大学、Inpria 公司、IMEC 的含金属光刻胶

俄勒冈州立大学（OSU）合成了水溶性的氧化物金属硫酸盐，进行了介电材料的研究[17)24)]。利用这种金属氧化物团簇技术，初创业公司 Inpria 正在研究和开发 EUV 光刻胶。Inpria 的含金属光刻胶是一种由金属亚氧化物阳离子、过氧化物配位体和多原子阴离子组成的水溶液[25)]。过氧化物配位体稳定了金属阳离子，在 EUV 照射时过氧化物基团分解，通过含氧键形成三维结构，成为负光刻胶[26)]。

OSU 合成了类似结构的含金属光刻胶 $Hf(OH)_{4-2x-2y}(O_2)_x(SO_4)_y \cdot qH_2O(HafSO_x)$，并使用电子诱导脱附法研究了 $HafSO_x$ 的图形形成机制[18)]。结果表明，氧分子会从过氧化物配位体中脱离。光谱测量表明，当大约 75%的过氧化物配位体发生分解时，光刻胶的溶解性发生变化[19)]。需要注意的是，$HafSO_x$是包含 4~6 个 Hf 原子的团簇[27)]。

Inpria 的含金属光刻胶 XE15IB 在瑞士保罗谢勒研究所（PSI）的 EUV 干涉曝光设备上进行了 $200mJ/cm^2$ 的曝光，然后用 25%的 TMAH 水溶液显影，获得了 8nm 高分辨率的 L/S 图形[28)]，但也存在着灵敏度低、需要高浓度显影液以及稳定性较差等问题。

Inpria 公司研究了感光性配位基的结构，开发了第二代含金属光刻胶[21)]。使用金属亚氧化物阳离子（如 Sn^+）和过氧化物配位基，以及有机配位基，如羧酸盐基。引入有机配位基提高了对有机溶剂的溶解性和光刻特性，同时更容易稳定保持[29)]。第二代含金属光刻胶 Y

系列光刻胶，在 PSI 的 EUV 干涉曝光设备上进行 48mJ/cm² 的曝光，使用有机溶剂显影，达到了 11nm 的分辨率极限，LWR 为 1.7nm。由于含金属光刻胶的吸光度为 20μm⁻¹，大于普通高分子系列光刻胶的吸光度 4～5μm⁻¹，因此受到曝光噪声的影响较小，分辨率较高[30]。可使用标准显影液（2.38%TMAH）进行显影，形成正型图形[29]。

使用初期膜厚为 24nm 的 YF-AA 光刻胶，在 ASML 的量产 EUV 光刻机 NXE：3300B 上进行 39mJ/cm² 的曝光，制备了半节距 13nm 的图形，LWR 为 4.0nm。当初期膜厚减小到 20nm 时，用 35mJ/cm² 的曝光即可制备 13nm 半节距的图形[30]。

在将 Y 系列光刻胶转移到下层的 SOC 层时，O_2/N_2 干法刻蚀的选择比为 40∶1，表现出优越的干法刻蚀耐性[30]。尽管第二代光刻胶使用了有机配位基，但对干法刻蚀耐受性没有负面影响。

HfO_2 系含金属光刻胶能在两周的时间内保持稳定[20]。三周后，出现了残渣。用碳酸根离子配位稳定的 HfO_2 核心，在残存的少量 H_2O 和 H^+ 的作用下，发生水解产生羟基，以及缩水导致 HfO_2 凝聚，从而发生了光刻胶的退化。

Y 系列光刻胶确认不存在金属污染。尽管第二代光刻胶使用了有机配位基，但它并没有排放气体的问题[30]。再次评估后确认，低浓度 HF/O_3 和硫酸/过氧化氢混合物 SPM 的湿法清洗可以有效洗净光刻胶[23]。

比利时微电子研究中心（IMEC）将 Inpria 的含金属光刻胶用于 7nm 多层布线工艺（BEOL）模块的制造[22]。首先用 ArF 液浸光刻制作出 L/S 图形，然后使用 Inpria 的负型光刻胶进行 EUV 光刻，制备了 21nm 线宽的金属柱图形。由于其具有很高的干法刻蚀耐受性，该负型光刻胶无须在暗场掩膜中抑制光晕（Flare）效应，也不需要像正型光刻胶那样进行反演处理，制造成本比普通有机光刻胶更低。

8.6 其他含金属光刻胶

IMEC 自 2014 年以来一直在进行用于纳米尺度器件制造的新型含金属光刻胶的研究和开发。除了上述的 Inpria 之外，东京应化工业株式会社、JSR 株式会社、富士胶片株式会社、信越化学工业株式会社、默克高性能材料（MPM）等公司的含金属光刻胶产品也受到了评估。结果显示，最佳的含金属光刻胶可以制备出 16nm 半节距的 L/S 图形，LWR 为 5.0nm。通过工艺的优化，图形形成曝光量从 54mJ/cm² 下降到 30mJ/cm²。还成功制备了 18.7nm 半节距的 L/S 图形，其 LWR 为 3.4nm[31]。此外，在量产的刻蚀过程中，也没有发生交叉污染问题。

纽约州立大学正在研究一种含有各种金属复合物的光刻胶，称为 MORE（Molecular Organometallic Resists for EUV）[23]。结果显示，三苯基锑丙烯酸酯（Triphenylantimony

Diacrylate)通过 PSI 研究所的干涉曝光设备上可以获得 36nm 半节距的 L/S 图形，曝光量为 5.6mJ/cm^2，光刻胶具有很高的灵敏度。但是在 SEM 观察下，图形消失，可能是受到了电子束的磨损。使用大配位基的三苯基锑-4-乙烯基苯甲酸盐（Triphenylantimony di-4-Vinylbenzoate）光刻胶，图形在 SEM 观察下稳定性较好，获得了 22nm 半节距的 L/S 图形，曝光量为 15mJ/cm^2。

剑桥大学发布了一种用 β-二酮稳定的 TiO$_2$ 光刻胶。虽然通过电子束刻蚀获得了线宽 8nm 的图形，但照射量为 300mC/cm^2，表现出低灵敏度。

还有一种采用金属化合物作为增感剂的化学增幅光刻胶[31]。添加了含有金属元素的增感剂，获得了 22nm 直径的接触孔图形，曝光量从 50.2mJ/cm^2 降低到 44mJ/cm^2，显示出较高的灵敏度，但 LCDU（光子散粒噪声对局部线宽均匀性）从 2.7nm 增大到 3.8nm，恶化幅度高达 40%。

8.7 含金属光刻胶的功能提升

含金属光刻胶具有吸光面积大的优势，但实际上吸光面积并不太大的 Zr 材料也表现出较好的性能，这表明吸光面积并不足以作为评判标准，光刻胶材料开发的难度可见一斑。EUV 光刻胶在吸收 EUV 时发生光电离，产生的光电子将能量传递给光刻胶。在传递的能量大于材料的电离能时，电离将不断重复，产生次级电子。为了开发高感度光刻胶材料，就必须弄清楚这些次级电子的传递能量行为。实际上，通过理论计算来算出这些电子的能量分布是很困难的。IMEC 测量了电子的相对能量收益率与曝光波长的关系[31]。当入射的 EUV 能量为 92.5eV 时，含金属光刻胶相对于通常的有机材料组成的化学放大光刻胶，产生的次级电子数量大约是后者的 5 倍。这还只是数量的比较，要讨论光刻胶的灵敏度，还需要次级电子弛豫能谱[32)33)]以及反应机制的信息。次级电子的弛豫能谱还反映了次级电子的扩散距离，与分辨率和 LER 密切相关[32)33)]。这些基础研究有望为下一代光刻胶的功能提升提供指导。

文 献

1) G. W. Kammlott et al.: J. Electrochem. Soc., 121(7), 929(1974).
2) T. Kudo et al.: J. Electrochem. Soc., 134(10), 2607(1987).

3) N. Tohge et al.: J. Sol-Gel. Sci. Technol., 2(1-3), 581(1994).
4) B. L. Henke et al.: At. Dota Nucl. Data Tables, 54(2), 181(1993).
5) W. J. Bae et al.: Proc. of SPIE 7273, 727326(2009).
6) M. Trikeriotis et al.: Proc. of SPIE 7639, 76390E(2010).
7) C. Y. Ouyang et al.: Proc. of SPIE 8682, 86820R(2013).
8) S. Chakrabarty et al.: Proc. of SPIE 9048, 90481C(2014).
9) S. Chakrabarty et al.: Proc. of SPIE 8679, 867906(2013).
10) L. Li et al.: Chem. Mater., 27(14)5027(2015).
11) M. Siauw et al.: Proc. of SPIE 9779, 97790J(2016).
12) M. Toriumi et al.: Proc. of SPIE 9779, 97790G(2016).
13) M. Toriumi et al.: Appl. Phys. Express, 9, 031601(2016).
14) M. Toriumi et al.: Appl. Phys. Express, 9, 111801(2016).
15) T. Fujimori et al.: Proc. of SPIE 9776, 977605(2016).
16) M. S. M. Saifullah et al.: Nano Lett., 3(11), 1587(2003).
17) J. T. Anderson et al.: Adv. Funct. Mater., 17(13), 2117(2007).
18) R. T. Frederick et al.: Proc. of SPIE 9779, 9779 0I(2016).
19) J. M. Amador et al.: Proc. of SPIE 9051, 90511A(2014).
20) M. Krysak et al.: Proc. of SPIE 9422, 942205(2015).
21) A. Grenville: "Metal Oxide Photoresists: The Path from Lab to Fab," 2014 International Symposium on Extreme Ultraviolet Lithography, Washington D.C., October 27, 2014.
22) J. Stowers et al.: Proc. of SPIE 9779, 977904(2016).
23) J. Passarelli et al.: Proc. of SPIE 9425, 94250T(2015).
24) R. P. Oleksak et al.: ACS Appl. Mater. Interfaces, 6(4), 2917(2014).
25) 米国特許番号 US 8,415,000.
26) J. K. Stowers et al.: Proc. of SPIE 7969, 796915(2011).
27) R. E. Ruther et al.: Inorg. Chem., 53(8)4234(2014).
28) Y. Ekinci et al.: Proc. of SPIE 8679, 867910(2013).
29) 米国特許出願番号 US2016/0216606.
30) A. Grenville et al.: Proc. of SPIE 9425, 94250S(2015).
31) D. De Simone et al.: J. Photopolymer Sci. Technol., 29(3), 501(2016).
32) M. Toriumi: Proc. of SPIE, 7273, 72732X(2009).
33) M. Toriumi: Proc. of SPIE 7639, 76392N(2010).

第 9 章

多重图形化中的沉积和刻蚀技术

9.1 多重图形化中沉积和刻蚀技术的作用

目前实用化的光刻技术中，能将图形微缩化做到极限的技术是 ArF 液浸光刻技术，已经在大规模集成电路（LSI）制造中实现了 32nm 工艺节点。但是在 22nm 节点以下 ArF 液浸光刻技术也遇到了困难。EUV 光刻技术被认为是下一代光刻技术，有望突破现有的分辨率极限。但由于各种困难，EUV 光刻迟迟无法投入实际应用。因此，作为 ArF 时代的延续，多重图形化光刻技术应运而生。本文首先将介绍多重图形化的典型工艺流程，然后将详细说明沉积技术和刻蚀技术在多重图形化中的重要意义。

9.1.1 LELE

多重图形化技术的最简单的形式是两次曝光和两次刻蚀，简称 LELE（光刻-刻蚀-光刻-刻蚀）双重光刻。图 1 展示了 LELE 光刻的工艺流程。首先，曝光形成第一层光刻胶图形，然后通过刻蚀将其转移至第一层硬掩膜层（硬掩膜层也称为牺牲层）。接着，将图形对准，再次使用曝光技术形成第二层光刻胶图形，再次刻蚀，将所有图形转移至第二层硬掩膜。最后的图形，就是第一层光刻胶图形密度的两倍。

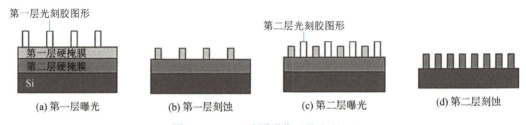

图 1　LELE 双重图形化工艺流程

9.1.2 SADP

目前最受到关注的双重图形化技术其实是自对准双重图形化技术（SADP）。图 2 显示了 SADP 的工艺流程。①首先在硅基板上沉积硬掩膜层和芯材膜层，涂覆光刻胶，曝光形成光刻胶图形。②通过刻蚀将光刻胶图形转移到芯材膜层，形成芯材图形。③对芯材图形进行横向刻蚀，细化（修剪）图形。④在芯材图形上沉积侧壁膜层。⑤刻蚀侧壁膜层，利用刻蚀的各向异性，仅进行纵向刻蚀，保留芯材图形的两个侧壁，如图 3 所示[1]。⑥刻蚀芯材图形，仅剩余侧壁。此时可以看到侧壁的间距是①中光刻图形间距的一半。也就是说，如果①中光刻图形的间距为 80nm（40nm 条纹/40nm 沟槽），则在⑥中得到的侧壁的间距为 40nm（20nm 条纹/20nm 沟槽）。⑦把这些间隔作为掩膜，刻蚀下方的硬掩膜层，图形间距是原始图形的一半。通过这种方式，SADP 技术将光刻机本身的分辨率极限提高了一倍。而且相比于 LELE 法，SADP 只需一次曝光过程，就避免了 LELE 法中两次曝光可能产生的错位问题。

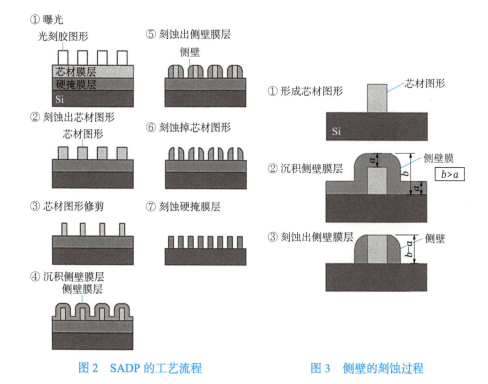

图 2　SADP 的工艺流程　　图 3　侧壁的刻蚀过程

选择芯材和侧壁的材料时，必须考虑两者的刻蚀选择比，以及侧壁与硬掩膜的刻蚀选择比例。例如，可以选择 SiO_2 作为芯材，选择非晶硅作为侧壁，或者选择光刻胶作为芯材，选择 SiO_2 作为侧壁等组合。如果芯材选择了光刻胶，由于光刻胶的耐热性较弱，因此需要

在低温下沉积 SiO_2 侧壁膜。

正如上述的工艺流程所示，SADP 最终图形的特征尺寸（CD）由芯材图形和侧壁的尺寸决定，因此沉积和刻蚀每个步骤的控制都非常重要（见图 4）。

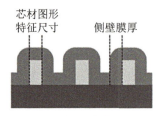

图 4　SADP 工艺中刻蚀和沉积的控制决定了最终图形的特征尺寸（CD）

9.1.3　SAQP

自对准多重图形化技术在理论上可以将图形密度无限地翻倍。例如，通过两次重复 SADP 工艺，可以将间距减小到原来的 1/4，就成了 SAQP（自对准四重图形化）。图 5 显示了 SAQP 的工艺流程。①首先形成芯材图形 1。②在核心图形 1 上沉积侧壁膜 1。③通过各向异性刻蚀去除侧壁膜 1，形成侧壁 1。④移除芯材图形 1，保留侧壁 1。⑤使用侧壁 1 作为掩膜，向下刻蚀，形成芯材图形 2。⑥在芯材图形 2 上沉积侧壁膜 2。⑦通过各向异性刻蚀去除侧壁膜 2，形成侧壁 2。⑧移除芯材图形 2，保留侧壁 2。⑨使用侧壁 2 作为掩膜，刻蚀下面的硬掩膜层，得到原始图形间距 1/4 的最终图形。

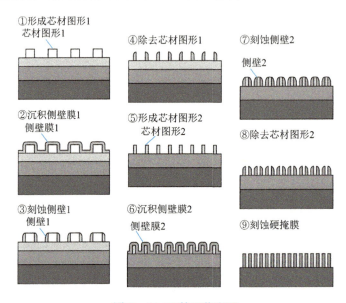

图 5　SAQP 的工艺流程

使用 193nm ArF 液浸光刻技术时，如图 6 所示，SADP 可以形成 40nm 间距（20nm 条纹/20nm 沟槽）的图形，而 SAQP 可以形成 20nm 间距（10nm 条纹/10nm 沟槽）的图形。SADP 和 SAQP 可用于形成 FinFET 的鳍、多层布线的条纹/沟槽、存储器的位线和字线等。根据报道，目前 SAQP 技术已经应用于约 10nm 工艺的闪存器的字线工艺上[2]。

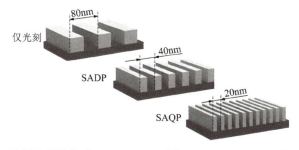

图 6　使用 193nm ArF 液浸光刻技术时，SAQP 可以形成 20nm 间距（10nm 条纹/10nm 沟槽）的图形

如前所述，在 SADP 和 SAQP 中，侧壁层膜的沉积以及每一次刻蚀的控制会影响最终图形的特征尺寸。因此，为了减少特征尺寸的偏差，重要的是将沉积和刻蚀的偏差降到最低。以下章节将详细介绍这两项关键技术。

9.2　沉积技术

在 SADP 和 SAQP 工艺中，沉积工艺对于控制图形的特征尺寸来说是非常重要的。沉积技术必须具有良好的覆盖性、极高的均匀性和优秀的薄膜质量。例如，对于 20~30nm 厚度的薄膜，膜厚变化的允许范围通常为几埃（Å）。为了实现这个目标，通常会使用原子层沉积技术，即 ALD（Atomic Layer Deposition）。

图 7 显示了 ALD 工艺中 SiO_2 薄膜的沉积工艺原理。沉积工艺包括以下 4 个步骤：①将含有 Si 成分的原料气体 A（前驱体）通入反应室中，并吸附在基板表面。②清除反应室内剩余的气体 A。③向反应室通入氧化剂气体并打开射频电源使气体等离子化，将基板表面吸附的 A 氧化，通过这一步骤形成第一层 SiO_2 膜。④清除反应室内多余的氧化剂。将这 4 个步骤作为一个周期，反复进行，从而沉积 SiO_2 膜。使用 ALD 技术，可以形成优质的 SiO_2 薄膜，能够完整覆盖基板上的台阶图形。此外，由于使用等离子体进行反应，允许反应在低温条件下进行，因此还可以在有机膜（例如光刻胶）上进行沉积。图 8 显示了在芯材图形上用 ALD 工艺沉积的 SiO_2 薄膜的剖面 SEM 照片，表明其具有良好的台阶覆盖性。

今后，随着半导体器件图形的进一步微缩化，工艺步骤数量将不断增加，这必然导致工艺时间、成本和复杂性的增加。ALD 工艺必须提高生产效率。作为 ALD 成膜设备的一个例子，图 9 展示了 Lam Research 公司最新的 VECTOR® ALD Oxide 设备。该设备拥有 4 个反应室，而且结构紧凑，占地面积小，能够同时处理 4 片晶圆，生产效率非常高。

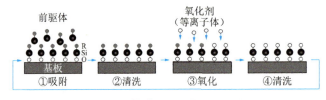

图 7　SiO_2 薄膜沉积工艺原理示意图

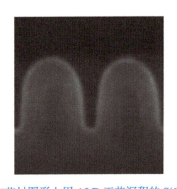

图 8　在芯材图形上用 ALD 工艺沉积的 SiO_2 薄膜的剖面 SEM 照片

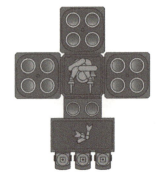

图 9　ALD 系统（Lam Research VECTOR® ALD Oxide）

9.3　刻蚀技术

无论是哪一种多重图形化工艺，都离不开刻蚀技术。但是如图 10 所示，随着刻蚀次数的增加，器件尺寸的误差也会增大。即使每一道工艺自身都能保证良好的尺寸均匀性，但经过多道工艺以后，误差就累积得越来越大。如果能够在某些工艺中让误差互相抵消，就可以降低最终的误差。干法刻蚀就是能实现这一目标的技术。例如，在某道工艺中，发现中心图形的特征尺寸大于周围图形，就可以用干法刻蚀抵消这一差异，从而改善均匀性。

晶圆表面图形特征尺寸（CD）的均匀性受到颗粒物再吸附现象的强烈影响[3)]。刻蚀工艺

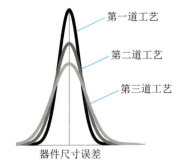

图 10　在多重图形化中随着刻蚀次数的增加，器件尺寸的误差增大

中，本应被气流带走的颗粒物，有可能重新被吸附到晶圆上，从而影响图形的 CD。晶圆温度较低的区域，颗粒吸附的概率较大，而温度较高的区域则概率较小。因而在晶圆温度较低的区域 CD 较大，晶圆温度较高的区域 CD 较小[4]。为了抑制 CD 的差异，获得良好的均匀性，晶圆背面的静电吸盘（ESC：Electrostatic Chuck）就增加了温度控制功能。ESC 通过静电力使晶圆紧密附着在其上方，同时在刻蚀过程中保持晶圆的温度稳定[1]。2002 年 Lam Research 开发的温控 ESC 把整个吸盘分成了两个控温区域，可以单独控制该区域进行加热或冷却。图 11 展示了温控 ESC 的发展过程，以及相对应的 CD 均匀性的改善[5]。目前控温区域已从 2 个增加到了 100 多个，可以改善晶圆半径方向和非半径方向的不均匀性，晶圆表面图形 CD 的均匀性得到了显著改善。

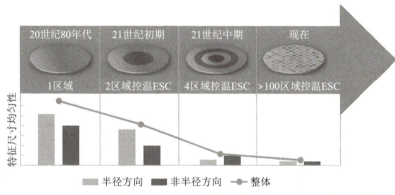

图 11　控温静电吸盘（t-ESC）的发展过程和 CD 均匀性的改善[5]

当控温区域数量增加至 100 个以上时，手动设置所有区域的温度将变得非常困难。为了解决这个问题，研究人员开发出了温度校正算法，能够自动控制每个区域的加热器温度[5]。更进一步地，还可以根据 CD 均匀性的需要，以及反应室环境数据、刻蚀前 CD 数据信息等，控制整个晶圆的温度分布。通过这些功能，如图 12 所示，CD 不均匀性从曝光后的 1.8nm（3σ）降低到刻蚀后的 0.5nm（3σ）以下[5]。

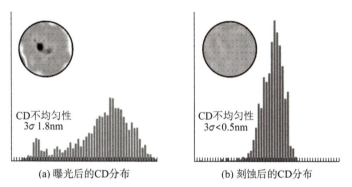

图 12　温控区域数量超过 100 个的静电吸盘（ESC）对 CD 均匀性的改善情况[5]

9.4 结语

多重图形化技术在当前液浸光刻的时代，乃至下一代 EUV 光刻的时代都将是一项战略性的技术，为半导体产业带来变革。"多重图形化技术延长了摩尔定律的寿命"，并非言过其实。在自对准多重图形化技术的沉积工艺中，已经引入了原子层沉积（ALD）等可以在原子的层面控制反应的技术。那么在刻蚀工艺中，引入原子层刻蚀（ALE：Atomic Layer Etching）等技术也将势在必行[6]。此外，由于自对准多重图形化工艺的步骤较多，因此生产成本成为一个问题。提高沉积和刻蚀工艺性能的同时，还需要开发出生产效率更高的设备，这是未来必须面对的挑战。

文　献

1) 野尻一男："はじめての半導体ドライエッチング技術"，技術評論社(2012).
2) J. Hwang et al.: Tech. Dig. Int. Electron Devices Meet., 199(2011).
3) S. Tachi, M. Izawa, K. Tsujimoto, T. Kure, N. Kofuji, R. Hamasaki and M. Kojima: J. Vac. Sci. Technol., A16, 250(1998).
4) C. Lee, Y. Yamaguchi, F. Lin, K. Aoyama, Y. Miyamoto and V. Vahedi: Proc. Symp. Dry Process, 111 (2003).
5) S. Hwang and K. Kanarik: Solid State Technol., 16, July(2016).
6) K. Kanarik et al.: J. Vac Sic. & Technol., A 33, 020802(2015).

第10章

光散射测量技术

10.1 引言

在半导体工艺中,半导体薄膜的表面形状随着各种表面处理工艺而改变,需要搞清楚每道工艺中表面的实际状况。因此,在 2010 年的 ISO25178-6 "产品几何特性规范-表面形状测量方法的分类"中,已经对表面形状的测量方法进行了规范[1]。当被测的形状接近纳米尺度时,远小于普通的光的波长,因此无法用一般的光学显微镜观察表面,而需要使用微分干涉显微镜、白光共焦点显微镜、白光干涉粗糙度计、原子力显微镜(Atomic Force Microscopy,AFM)、扫描隧道显微镜(Scanning Tunneling Microscope,STM)、透射电子显微镜(Transmission Electron Microscope,TEM)、扫描电子显微镜(Scanning Electron Microscope,SEM)等。此外,为了测量表面粗糙度和缺陷,还利用了角分辨散射(Angle Resolved Scatter)和总积分散射(Total Integrated Scatter)。在这些方法中进行选择时,需要考虑以下条件:①表面材料的硬度和光学特性,②测量时间,③测量范围,④需要测量表面粗糙度和缺陷,还是测量结构和形状尺寸。

在半导体制造的光刻工艺中,必须进行纳米尺度电路图形的特征尺寸(Critical Dimension,CD)测量,因此使用 CD-SEM 和 AFM 等工具。然而,为了更快地对工艺进行反馈,需要进行原位(in-situ)测量。光学特征尺寸(Optical Critical Dimension,OCD)测量能够满足这一要求。它作为一种使用光波进行非破坏、非接触实时测量的方法,也被称为散射测量(Scatterometory)[2][3]。

本文首先将根据半导体光刻图形微缩化的进展,描述 CD 测量的要求以及与散射测量之间的关系。接下来,将介绍散射测量的历史、原理和实际应用。然后,通过使用笔者团队开发的散射测量模拟器进行数值分析和结果讨论。

10.2 半导体光刻技术

在这里，我们将讨论半导体光刻中对关键尺寸测量的要求。

10.2.1 摩尔定律

自集成电路（IC）诞生以来，提高芯片集成度的技术一直在不断发展。戈登·摩尔在 1965 年提出了"半导体性能和集成度每 18 个月翻倍"的摩尔定律，该定律至今依然成立。近年来，还出现了追求微缩极限的"深度摩尔"（More Moore）和在半导体器件上融合集成其他功能元件（例如 MEMS、传感器等）的"超越摩尔"（More than Moore）这两种趋势。半导体光刻技术的进步使得这种高度集成化成为可能。这些新的技术除了对设备的分辨率（Resolution）有要求外，还对器件的特征尺寸和套刻（Overlay）精度有很高的要求。

10.2.2 ITRS 路线图

国际半导体技术路线图（The International Technology Roadmap for Semiconductors, ITRS）[4] 指出了未来 15 年半导体技术的发展路线，已成为半导体研究机构和整个行业可信赖的指导方针。根据 ITRS 在 2013 年的预测，Flash 器件的半节距"在 2020 年将降低到 10nm，到 2022 年将为 8nm"。而在 2015 年，ITRS 又把目标修改为"在 2022 年降低到 7nm，到 2025 年为 5nm"。

此外，还有一项重要指标对于晶圆的生产效率非常重要，就是 CD-SEM 测量中的"Move-Acquire-Measure Time"（MAM 时间）。CD-SEM 测量设备在一个测量点开始测量，测量结束后移动（移动过程中同时处理数据）到晶圆上的下一个测量点，整个周期所花费的总时间，就是 MAM 时间。这个时间目前是 1s，而到了 2020 年需要降低到 0.5s。

10.3 反射光测量技术

图 1 展示了反射计的构造图。用于测量平坦薄膜反射情况的仪器有反射计（Reflectometer）、椭偏仪（Ellipsometer）、偏振计（Polarimeter）。此外，用于测量具有周期结构的表面凹槽图形的仪器有散射计（Scatterometer）。当进行宽频带范围的测量时，会在名称前面加上 Spectroscopic，称为"分光计"。于是就有了分光反射计（Spectroscopic Reflectometry, SR）、分光椭偏仪（Spectroscopic Ellipsometry, SE）、分光偏振计（Spectroscopic Polarimetry, SP）、分光散射计（Spectroscopic Scatterometry, SS）等。

反射计的作用是测量反射率。假设 p 偏振光的复反射系数为 r_p，则反射率 $R_p = |r_p|^2$。s 偏振光的复反射系数为 r_s，则反射率 $R_s = |r_s|^2$。图 1 中的入射角 θ_i 考虑了垂直和斜向入射两种情况。对于平坦薄膜，垂直入射时 p 偏振光和 s 偏振光的复反射系数 r_n 相同，反射率 $R_n = |r_n|^2$。但表面的粗糙度会使得求解绝对反射强度变得困难。

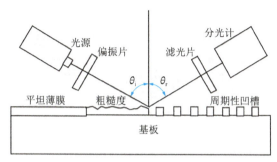

图 1　利用反射散射光的测量仪构造

椭偏仪也是对反射光进行测量，考虑偏振状态，但不测量反射强度的绝对值。在椭偏仪中，使用 s 偏振和 p 偏振的反射系数比值。入射角为布鲁斯特角（图 1 中 θ_i 约为 70°）。在斜向入射情况下，由于 s 偏振光和 p 偏光振存在相位差和反射率的差异，这种变化可以用以下公式定义：

$$p = r_p/r_s = \tan\Psi e^{i\Delta} \tag{1}$$

其中 Δ 是 s 偏振光和 p 偏振光的复反射系数的相位差，$\tan\Psi$ 是 s 偏振光和 p 偏振光的反射振幅比。利用（Ψ, Δ），可以计算薄膜厚度 d 和材料的光学参数（复折射率 $N = n - ik$）。最终可以得到每层膜的折射率 n 和消光系数 k。在椭偏仪中，即使薄膜有表面粗糙度，如图 1 所示，也可以使用有效介质近似（Effective Medium Approximation，EMA）进行分析。换句话说，通过将粗糙薄膜替换为均匀膜，可以相对简单地分析复折射率等。

偏振仪兼有反射计和椭偏仪的特点，可以测量反射强度和相位。可以获得更多的信息，但设备相比椭偏仪更加复杂。

散射仪在反射计和椭偏仪的基础上被开发出来，可以进行垂直测量和斜向测量，下面就将详细介绍散射仪的情况。

10.4　散射计

10.4.1　历史

最早使用衍射光进行半导体测量的是 Kleinknecht 和 Meier（1978 年）[5]，他们用衍射光来测量 SiO_2 层上光刻胶沟槽的刻蚀速度。然而，由于使用标量衍射理论进行分析，他们的方法局限于特定形状的沟槽。周期性沟槽的矢量衍射理论由 Moharam 和 Gaylord 于 1980 年代初确立 [6]。这称为严格耦合波分析（Rigorous Coupled Wave Analysis，RCWA），至今在基于衍射的光波散射测量中发挥着重要作用。

1991 年，由新墨西哥州立大学的 McNeil 和 Naqvi 等人引入了术语"Scatterometer（散射计）" [7]。他们首先固定图 1 中的入射角，发出激光束，测量反射侧的衍射强度。然后通过与 RCWA 分析得到的数据库进行比较，确定了周期沟槽的形状（固定角散射计）。然而，当时测量范围较窄，衍射阶数不太明显，因此提出了可变角散射计 [8]。此外，还考虑了在三维空间中测量 2D 衍射图形结构的穹顶（Dome）散射计，例如可以测量存储器阵列和接触孔等。在这种方法中，通过从半球形穹顶正上方照射激光束到二维周期沟槽，将衍射光图形投射到穹顶状屏幕上，然后使用 CCD 相机进行拍摄分析。最初用于测量 16MB 的 DRAM 阵列的沟槽深度 [9]。此方法适用于存在高阶衍射光的情况。

10.4.2 测量原理

表面形状的分析方法可分为激光散射法（Laser Light Scattering，LLS）和散射计法。激光散射通常用于表面没有周期间距，相对光滑的情况，即表面凹陷深度约为 1Å（远小于激光波长 λ）时的情况。而散射计则适用于周期性的结构，沟槽深度约为 1μm 左右（约激光波长 λ）的情况。

散射计有两种方式：单波长–多入射角光波散射测量和多波长–单入射角光波散射测量。在这里，我们将主要介绍目前使用的多波长–单入射角散射计的形状分析方法，它的入射角和出射角都是固定的。

这种分析分两步进行：第一，建立适应于各种沟槽形状的光谱特性库，可以使用 RCWA 来进行表面图形的衍射光强分布数值计算。第二，将实测的光谱特性与预先库中的数据进行比较，一旦找到匹配的光谱，就可以得出表面形状。在半导体晶圆生产线上使用时，这种方法需要离线存储大量的计算数据，但只需要改为线上搜索，就可以提高晶圆产量。然而如果要提高图形分辨率，就需要大量的形状模型和衍射光强度分布的数值计算。而且当形状变得复杂时，数值计算时间进一步延长，数据量也会增加，数据库的准备时间变长。

与之相对的另外一种方法，就是在变化的形状上进行实时数值计算，通过优化来搜索形状。这种方法无须事先准备库。近年来的进展，已经实现了不使用数据库也能达到高精度图形识别的水平。但是这就需要具备高速计算能力的计算机，而且计算结果也很可能不收敛。因此考虑与数据库结合，也是一种选择。

10.4.3 实际应用

在实际应用中，散射计主要用于条纹/沟槽（L/S）图形的二维形状测量，可以测量上下部的线宽、高度、侧壁倾角等，如图 2 所示。这些测量都是扫描电子显微镜（SEM）难以完成的。测量是通过在晶圆上制作的周期结构图形上进行的。由于需要周期结构，因此不适用于孤立线条的测量。此外，随着图形微缩化的进行，条纹边缘粗糙度（LER）对晶体管性能的影响成为一个问题。散射计是对测量范围内进行平均的线宽测量，因此无法在单个线路上测量 LER。尽管存在这些限制，利用光波的散射特性进行测量仍然是一种可小型化、高速度且无损伤、非接触的测量方法，在离线测量中得到了应用，用于在半导体工艺处理的前后测量 CD，然后对工艺条件进行微调。此外，还可以测量沟槽孔和三维结构。然而，三维 RCWA 分析需要较长时间的数值计算，而且需要大量的内存，制约了技术的应用。

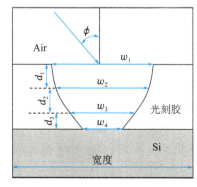

图 2　光刻胶图形周期性沟槽解析模型

10.4.4　校准

散射计测量的模型需要假设条纹图形和基底材料的光学性质是均匀的。表面异常或不均匀的掺杂物分布可能会影响散射计测量的结果。因此，对于散射计测量模型，校准和定期检验是不可缺少的维护工作。由于散射计使用测试图形进行测量，因此需要利用其他 CD 测量技术，如 SEM、AFM 或 TEM，来建立测试图形的 CD 与电路中图形的 CD 之间的关联。

此外，在两次曝光的双重图形技术中，对于每个图形，都需要分别测量 CD、侧壁倾角、粗糙度、间距（对齐偏移）等的分布情况，并进行相应的控制。

10.4.5　最新的方法

最近，穆勒矩阵椭偏仪（Mueller Matrix SE）和穆勒矩阵散射仪（Mueller Matrix SS），还有小角度 X 射线散射（Small Angle X-ray Scattering, CD-SAXS）也被开发出来。在 CD-SAXS 中，X 射线照射到条纹图形的样品上，通过分析透射 X 射线信息，可以测量样品的平均 CD、侧壁的平均倾角和粗糙度，甚至可以测量每条射线的线宽变化。这使得复杂多层结构的图形测量也成为可能。

10.5　优化方法

根据结果来反推原因，称为"逆问题"。在逆问题中，解的唯一性或存在性通常无法保证，求解是非常困难的。同样，散射测量也是一个逆问题，旨在通过光的散射特性尽可能地追寻导致这些结果的原因（图形形状）。在这种情况下，需要设定解的满意度的函数，并找到在约束条件下该函数取最大值时的设计参数，变成一个优化问题。优化的方法有许许多多，但在这里只介绍共轭梯度法和遗传算法。

10.5.1 共轭梯度法

最陡梯度法（Steepest Gradient Method，SG）是一种通过函数的梯度来搜索函数的局部最大值或最小值的梯度法。由于只考虑梯度，即一阶导数，所以该方法相对简单。然而，由于不是沿直线向最优点前进，而是以锯齿路线前进，因此其收敛速度较慢。共轭梯度法（Conjugate Gradient Method，CG）则是在考虑当前移动方向的情况下向最优点前进，收敛速度更快。然而，由于梯度算法的缺陷，在特定的初始条件下，容易陷入局部最小值，不容易找到全局最小值。为了避免这种情况，需要采取一些措施，例如从多个初始值开始搜索。

10.5.2 遗传算法

遗传算法（Genetic Algorithm，GA）模仿了生物的进化过程，通过将解的候选数据表示为基因的个体，并优先选择适应度高的个体进行交叉和突变等操作来搜索最优解。遗传算法从初始种群中选择和交叉形成组合，进行并行爬山搜索，并通过突变不时地引发随机变化。由于对多个解进行并行研究，因此不容易陷入像梯度算法那样的局部解。即使陷入局部解，也可以通过突变从中脱离。这种方法适用于离散函数或多峰值函数。然而，由于这是一种概率性的多点搜索，因此需要大量的函数评估，存在初始收敛到局部解的问题，以及交叉和突变比率等各种参数的调整问题。

10.6 光散射测量分析的实例 [10)][11)]

10.6.1 解析模型

图 2 展示了用三个梯形对硅基板上的光刻胶沟槽进行模拟的解析模型。模拟出光线在光刻胶上的散射情况，来寻求沟槽形状的优化。光线的入射角度为 φ，三个梯形的高度从上到下分别为 d_1、d_2、d_3，沟槽宽度依次为 w_1、w_2、w_3、w_4。实际凹槽宽度假设按照 n 次余弦函数的形状变化。在以下的例子中，沟槽高度（$= d_1 + d_2 + d_3$）为 400nm，图形宽度为 200nm。沟槽入口宽度 $w_1 = 100$nm，底部宽度 $w = 60$nm。通过遗传算法（GA）和共轭梯度（CG）算法优化确定沟槽形状的各项参数。此外，还展示了用四个梯形对该模型进行模拟分析的例子。

10.6.2 三梯形近似模型对沟槽形状的优化

在图 3（c）中，通过光散射测量对实线表示的二次余弦形状的沟槽进行了三梯形近似的分析。开始时，三个梯形的高度分别为 $d_1 = 50$nm，$d_2 = 250$nm，$d_3 = 100$nm。沟槽宽度为 $w_1 = 100$nm，$w_2 = 80$nm，$w_3 = 70$nm，$w_4 = 60$nm。起始形状如图 3（c）中的○所示。此外，从起始形状获得的 TE 波（s 偏振光）和 TM 波（p 偏振光）的反射率如图 3（a）中的虚线所示。正如前文所述，CG 算法有时会陷入局部解，但结果具有较高的精度。GA 算法可以全局搜索最优解，但只能通过遗传因子获得离散的值。因此，在这里，首先使用 GA 算法进行 20 次迭代，然后使用 CG 算法进行 20 次迭代。此外，除非另有说明，否则遗传因子的长度为 25，交叉比率 cross = 0.15，突变率 mutation = 0.02。沟槽高度和宽度的变量同时进行优化。在图 3（b）中，展示了评价函数 S 的收敛情况。$S = 1$ 表示完全匹配的状态。评价函数的收敛情况在 TE 波和 TM 波中是不同的。优化结束时的反射率如图 3（a）中的虚线所示，沟槽形状如图 3（c）所示，TE 波用 △ 表示，TM 波用 ▽ 表示。由此结果可知，对于 TE 波，沟槽的入口和出口形状接近目标形状。然而对于 TM 波，入口处沟槽宽度的偏差较大。因此，我们决定使用 4 个梯形再进行一次优化。

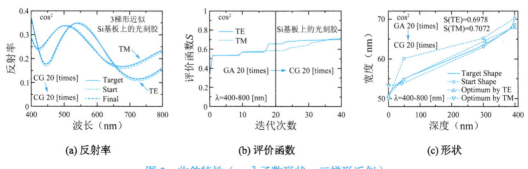

(a) 反射率　　　　　　　　(b) 评价函数　　　　　　　　(c) 形状

图 3　收敛特性（$\cos^2$ 函数形状，三梯形近似）

10.6.3 四梯形近似模型的优化

由于三梯形近似对沟槽的形状优化不充分，因此在这里我们使用四梯形近似进行模拟优化。在图 4 中，研究了（a）$\cos^{1/2}$ 函数和（b）$\cos^2$ 函数形状的沟槽。深度为 $d_1 = 50$nm，$d_2 = 150$nm，$d_3 = 150$nm，$d_4 = 50$nm，宽度为 $w_1 = 100$nm，$w_2 = 90$nm，$w_3 = 80$nm，$w_4 = 70$nm，$w_5 = 60$nm。通过与图 3 相似的探索，我们发现几乎可以收敛到目标的形状。

由于散射测量并非像光学显微镜那样直接观察实际形状，因此有时可能无法确定优化是否真的收敛、有解。然而，通过使用散射测量模拟器，可以事先验证实际形状是否有解，非常方便。

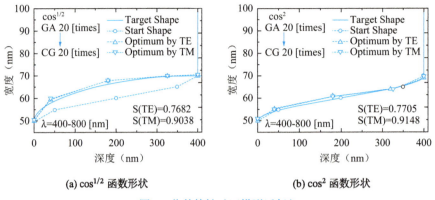

(a) $\cos^{1/2}$ 函数形状　　　(b) $\cos^2$ 函数形状

图 4　收敛特性（四梯形近似）

10.7　结语

　　未来，随着晶圆在水平方向图形微缩化的不断进展，垂直方向的尺寸也需要微缩化，一方面减小晶体管的水平面积，另一方面增加晶体管的堆叠层数，从而超越传统摩尔定律的趋势，提高晶体管的集成密度。在散射测量中，为了与测量值进行比较，需要进行反射光谱特性的计算和优化。为了进行散射模拟，对复杂三维结构进行数值分析，就需要大量的计算时间，只能通过 GPU 服务器等并行计算来实现[10)11)]。

　　虽然本文没有进行讨论，但是对于孤立沟槽图形和 LER 等的分析，还需要基于时域有限差分法（FDTD）[12)13)]。然而，与 RCWA 法相比，FDTD 法的计算时间较长。笔者目前正在尝试在 RCWA 方法中引入完全匹配边界层（Perfectly Matched Layer，PML），以测量二维孤立线或三维孤立结构的山峰结构[14)-16)]。

　　最后，笔者在撰写本文时，参考了许多国内外文献，特此致谢。

文　献

1) http://www.iso.org/iso/home.htm.
2) 白﨑博公："分光エリプソメーターによる形状計測", O plus E, 27.3, 294-299(2005).
3) 白﨑博公："光 CD 計測の計測原理と関連技術", 精密工学会誌, 78.2, 127-131(2012).
4) Semiconductor Industry Association: "Metrology roadmap 2013"(2013).

5) H. P. Kleinknecht et al.: "Optical monitoring of etching of SiO_2 and Si_3N_4 on Si by the use of grating test patterns," J. Electrochem. Soc.: Solid–State Sci. Tech., 125(5), 798-803(1978).

6) MG Moharam et al.: "Rigorous coupled-wave analysis of planer grating diffraction," J. Opt. Soc. Amer. 71 (7), 811-818(1981).

7) K. P. Bishop et al.: "Grating line shape characterization using scatterometry", Proc. SPIE, 1545, 64-73 (1991).

8) J. R. McNeil et al. "Satterometry applied to microelectronic processing," Microlithography World, 1-. 5, 16-2(1992)

9) Z. R. Hatab et al.: "Sixteen-megabit dynamic random access memory trench depth characterization using two-dimensional diffraction analysis," J. Vac. Sci., B, 13. 2, 174-182(1995).

10) H.Shirasaki: "Scatterometry simulator for multi-core CPU," Proc. SPIE, 7638, 76382V1-76382V6(2010).

11) H. Shirasaki: "Scatterometry simulator using GPU and Evolutionary Algorithm," Proc. SPIE, 7971, 79711T1-79711T7(2011).

12) H. Shirasaki: "3D Anisotropic Semiconductor Grooves Measurement Simulations (Scatterometry) using FDTD Methods.," Proc. SPIE, 6518, 65184D1-65184D8(2007).

13) H. Shirasaki: "3D Semiconductor Grooves Measurement Simulations (Scatterometry) using Nonstandard FDTD Methods," Proc. SPIE, 6922, 69223T1-69223T9(2008).

14) H. Shirasaki: "Isolation mounts scatterometry with RCWA and PML," Proc. SPIE, 9050, 90502K1- 90502K7(2014).

15) H. Shirasaki: 3D isolation mounts scatterometry with RCWA and PML," Proc. SPIE, 9424, 9424211- 9424217(2015).

16) H. Shirasaki: "Oblique Incidence Scatterometry for 2D/3D Isolation Mounts with RCWA and PML," Proc. SPIE, 9778, 9778211-9778217(2016).

第11章

扫描探针显微镜技术

11.1 引言

近年来，随着半导体器件的微缩化和高度集成化的发展，器件表面结构的测量和评估也进入了纳米尺度，传统的测量手段已经不再适用。

扫描探针显微镜（SPM：Scanning Probe Microscope）是一类显微镜的总称，它们利用尖锐的微小探针沿物质表面运动，可以以高分辨率进行表面结构的三维测量（图1）。光学显微镜使用光，电子显微镜使用电子束来观察物质表面，而SPM则使用探针，无须光束或透镜。

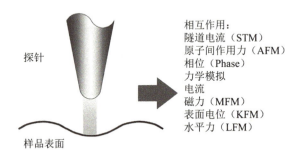

这些显微镜总称为：
扫描探针显微镜（Scanning Probe Microscope）

图1 扫描探针显微镜（SPM）

1981年，IBM苏黎世研究所的Binnig、Rohrer等使用扫描隧道显微镜（STM：Scanning Tunneling Microscope）[1]成功地观察到硅表面的原子重新排列的图像[2]。他们在1986年获得诺贝尔物理学奖后，STM就作为一种可以直接观察原子的方法引起了极大关注。STM通过将尖锐的金属探针靠近样品表面的极近距离（数nm以下），并施加偏压，再通过隧道效应形成隧道电流。由于隧道电流对探针和样品的间距非常敏感，因此沿着样品表面扫描探针就可以获得纳米级的图形分辨率。然而，由于 STM 测量的是探针和样品之间的隧道电流大小，所以对于非导电材料就无法测量。1986 年 Binning 和 Quate 发明了原子力显微镜（AFM：Atomic Force Microscope）[3]，利用探针和样品之间的原子间作用力，可以观察陶瓷、高分子、生物材料等绝缘体。因此相比于 STM，AFM 的适用范围得到了飞跃性的扩展。此外，AFM 不仅用于观察表面形状，还发展了多种物性测量技术，例如样品表面的局部水平力（摩擦力）[4]、磁性[5]和电特性[6]，因此是 SPM 系列中最常用的方法之一。本文我们将以 AFM 为中心，介绍其原理和构造，然后通过一些应用示例来介绍其他各种 SPM 的使用方法和特点。

11.2　AFM 的原理

典型 AFM 的基本构造如图 2 所示。通常，AFM 有一支悬臂（Lever），悬臂顶端有探针，根据探针与样品表面微小的原子间作用力（范德华力），悬臂会发生弯曲或振动，用激光对悬臂的运动做精密的位移检测，从而绘制出样品表面的图像。这里的位移检测系统，结构非常简单，将激光照射到悬臂的背面，反射光进入光探测器。光探测器被分为两个或四个象限，当悬臂弯曲时，反射光在探测器上的照射位置发生变化，根据变化量就可以计算出悬臂的位移（挠曲）程度。悬臂的微弱位移在探测器上能体现出很大的位移，因此非常灵敏，是高性能 SPM 的常用测量方法。

图 2　原子力显微镜（AFM）的基本构造

SPM 的工作方式可以大致分为以下两种：①将探针接触到样品表面，通过直接检测悬臂的位移来观察表面形状（接触模式）；②激发悬臂杆振动，间断地使探针靠近样品表面，并通过振幅的变化来观察表面形状（动态模式）。

在接触模式下，当将悬臂靠近样品表面时，会检测到静态的原子力。它非常简单，是过去 AFM 最为常见的标准测量模式。然而，样品暴露在空气中时，表面可能吸附着水膜，于是探针就会浸泡在水膜中。因此，除了来自样品本身的斥力外，探针还会受到水膜的表面张力（吸引力）的影响。在这种状态下，探针尖端与样品表面强烈接触，发生探针的拖曳，影响最后的观察图像。接触模式不适用于观察颗粒状、易移动的材料、柔软表面等，但很适合用于摩擦和黏附的研究。

而在动态模式下，悬臂在其机械共振频率附近以足够的振幅振动。当探针离开样品表面足够远时，探针将以一定的振幅与样品表面相互作用。探针接近样品时，探针将接触样品表面，导致悬臂振幅的变化。通过测量这种振幅变化，并在扫描样品表面时进行反馈控制，以保持悬臂的振幅恒定，就可以获得表面形状的图像。在动态模式中，悬臂与样品之间的力几乎不受外界影响，因此在扫描时几乎不会发生探针拖曳样品的现象。动态模式适用于易运动的样品和具有吸附性的样品，并且最近已成为AFM的标准模式。此外，在动态模式中，还有一种检测悬臂振动频率的测量方式——频率调制AFM（FM-AFM）。特别是在超高真空环境中，FM-AFM被广泛用于半导体表面、绝缘体表面、有机分子等各种材料的高分辨率观察。近年来，空气和液体环境中的FM-AFM测量取得了显著进展，不仅用于观察液体环境中的原子和分子，还可以在固液界面上直接观察液体层的结构。

在AFM中使用的悬臂决定了空间分辨率和力的检测灵敏度，因此是决定观察结果的重要组成部分。对悬臂的要求有以下几点：

①为了提高力的检测灵敏度，弹性系数应比较小（柔软）。

②为了对探针上作用的力变化敏感，实现快速扫描，并且不容易受到外部振动的影响，机械共振频率应较高。

③为了在高分辨率下观察样品表面，探针的尖端部分曲率半径应该极小，非常尖锐。

为了设计出弹性系数小、共振频率高的悬臂，悬臂的尺寸应该尽量小。实际上，通常使用长度为100～200μm左右的悬臂，其尺寸足够在光学显微镜下观察。如图3所示，悬臂是一种柔软而小的片状结构，其顶端运用半导体加工工艺形成了一体化的探针。悬臂的形状常见的有中空三角形和条形两种。材料主要采用氮化硅（SiN）和单晶硅（Si）。典型尺寸为：悬臂长100～200μm，厚1～5μm，探针长几μm，探针顶端曲率半径20nm。此外，为了适应不同的应用，还有各种形状的探针，有些还在探针上涂覆了磁性材料、金属薄膜、类金刚石碳膜（DLC）等，以增强电磁特性和耐久性。

还有一种测量方法，通过精密反馈调节样品底部台面的高度（Z），来让接触模式中悬臂的位移量保持恒定，或者让动态模式悬臂的振幅变化量保持恒定。同时，使用压电扫描器沿XY方向扫描，并获取与探针的（X，Y）坐标相。将（X，Y，Z）信息处理为三维图像，可以获得样品表面的三维形貌图。三维形貌图以灰度、伪彩色或三维俯瞰图的形式呈现，通过图像分析处理，还可以对任意的横截面形状进行分析，或进行表面粗糙度分析。图4中给出了例子，显示了AFM的三维形貌、台阶测量和剖面分析输出结果。

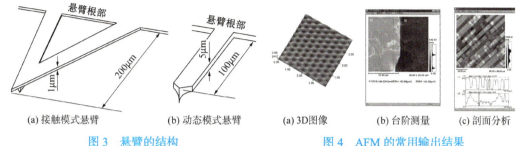

(a) 接触模式悬臂　　(b) 动态模式悬臂　　(a) 3D 图像　　(b) 台阶测量　　(c) 剖面分析

图 3　悬臂的结构　　　　　　　　图 4　AFM 的常用输出结果

11.3　各种 SPM 技术

在 SPM 中，通过处理悬臂的位移信号或更改探针的类型，可以检测探针与样品之间各种相互作用，并获得反映样品表面信息的信号图像，包括电流、电位、硬度和黏性等，包括力学相互作用图像（相位、力曲线、力谱），检测电气样品表面物性（电流、表面电位），以及检测磁性样品物性（磁力）。所有这些信息都能够在与表面形状观察相同的视野内定位，利用 SPM 的分辨率获得详细的物性分布图像。

以下是一些代表性的观察模式。

11.3.1　相位模式

在动态模式中，检测悬臂振动信号的相位，即检测悬臂振动信号的相位相对于驱动信号的相位有多少滞后。如果表面硬度较高，则相位滞后较小，而如果表面较软，则相位滞后较大。因此，由于这种相位滞后对试料表面的黏弹性和吸附性等物性变化具有高度敏感性，可以将试料表面特性的差异成像化。图 5 显示了在相位模式下观察的混合聚合物。在表面形状图像不清晰的情况下，相位图像清晰地显示了由材料引起的物性差异。

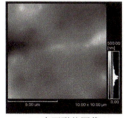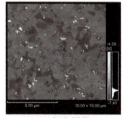

(a) 表面形状图像　　　　(b) 相位图像

图 5　混合聚合物的表面形状图像和相位图像示例

11.3.2　电流模式

在接触模式下，对导电性探针和试料施加偏压，检测其间流动的电流，并将其平面分布与形状同时成像，这也被称为导电原子力显微镜（C-AFM：Conductive Atomic Force Microscope）。导电性探针是在 Si 或 SiN 材质的悬臂上涂覆 Au 或 Pt 而得到的。电流模式可以获得样品局部电阻率分布的图像。图 6 显示了在电流模式下观察的碳电阻体,除了表面形状图像外,还清晰地反映了各处的电阻分布。

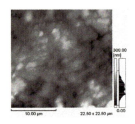 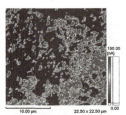

(a) 表面形状图像　　(b) 电流图像

图 6　碳电阻体的表面形状和电流图像示例

11.3.3　磁力模式

在动态模式中,在悬臂上涂覆磁性涂层将其磁化。当在距离样品表面一定距离处扫描时,由于样品表面的漏磁场,探针会受到斥力或引力的影响,从而导致悬臂的"振幅"和"相位"发生变化。通过检测这种变化,可以将样品表面的磁性信息成像。这种方法被称为磁力显微镜(MFM:Magnetic Force Microscope)[5]。图 7 展示了在磁力模式下观察到的计算机硬盘。在表面形状图中可以观察到擦痕,在磁力图像中也显示了其记录的磁性信息。

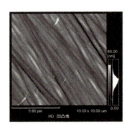 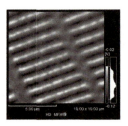

(a) 表面形状图像　　(b) 磁力分布图像

图 7　硬盘的表面形状图像和磁力分布图像

11.3.4　表面电位模式

在动态模式中,对导电性悬臂施加非谐振频率的交流电压,通过检测探针与样品之间的静电响应来测量样品表面的电位。这种观察方法通常称为开尔文探针力显微镜(KPFM:Kelvin Probe Force Microscopy)[6]或静电力显微镜(EFM:Electrostatic Force Microscope)。可以获得反映样品表面电位、电荷分布和接触电位差等信息的图像。图 8 展示了在表面电位模式下观察的高分子材料中的分散材料。在表面电位图像中,可以观察到由于材料差异而产生的电位差,这在表面形状中是不可见的。

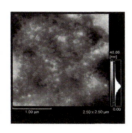 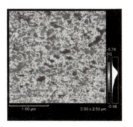

(a) 表面形状图像　　　(b) 表面电位图像

图 8　高分子材料中分散材料的表面形状图像和表面电位图像

11.4　SPM 的特点

SPM 的特点包括：
① 可以在大气中进行高放大倍数的三维观察。
② 可以直接观察绝缘性的样品。
③ 可以在样品的高度方向进行精密测量。
④ 不受环境限制，可在大气中、溶液中、气氛中、真空中进行观察。
⑤ 可同时进行形状、电气、磁性、黏性、硬度等物性测量。
⑥ 可将探针端用作工具进行加工应用。

第一，SPM 在原理上是允许在大气中进行操作的，因此设备结构和安装条件相对简单，易于维护。第二，SPM 可以观察绝缘体样品，无须对样品进行导电涂层等前处理，就可以迅速观察样品表面的真实状态。第三，可以对样品高度方向进行定量化测量，在测量台阶和表面粗糙度方面都表现出色，可以作为三维精密表面粗糙度计。第四，根据试样和目的的不同，不仅可以在大气中观察，还可以在溶液中、气氛中、真空中进行观察。特别是 SPM 是唯一一种在溶液中依然具有高分辨率观察能力的显微镜，这推动了其作为原位显微镜的发展，是一个显著的优势。此外，将 SPM 探针用于材料的纳米加工或测试也属于 SPM 的应用范畴。

然而，在进行 SPM 观察时，需要注意以下几点：
① 不适合在庞大的样品表面上寻找微小物体。
② 浮动或易动的样品难以观察。
③ 获得的图像可能存在瑕疵。

由于 SPM 测量是通过扫描悬臂或样品来进行的，因此扫描速度存在限制。通常情况下，绘制完一个屏幕的图像需要 10min。此外，SPM 使用的压电元件不支持大面积扫描。因此，仅通过 SPM 查找和观察异物或缺陷是不现实的，通常需要光学显微镜辅助视野定位。此外，在扫描过程中，样品可能会滚动或被拖动，这是不可避免的现象。样品和探针之间的相互作用力非常小,但是作用力不仅在 Z 方向上发挥作用,还在水平方向上起作用,因此可能无法观察到浮动的或易移动的样品,或者导致观察的分辨率降低。换句话说,对于 SPM 来说,样品的位置固定是重要的前提。此外,SPM 记录的数据是样品表面和探针表面的卷积数据,特别是在样品的纵横比较大时可能存在问题。数据处理过程中,SPM 也可能存在表面形状数据和其他信号数据相互混合的问题。与其他类型的显微镜一样,SPM 也可能观察到非真实的信号,注意不要误读。总而言之,要在充分了解 SPM 原理的基础上,仔细处理和解释数据,这样 SPM 才能成为一种功能强大的研究工具。

11.5 SPM 的应用

SPM 在以下领域有着广泛的应用:
①金属、半导体、陶瓷、玻璃等工业材料的表面观察和表面粗糙度精确测量。
②液晶、高分子、树脂、晶体、催化剂、LB 膜等的观察。
③生物膜、微生物、细菌、细胞、蛋白质、DNA 等生物样本的观察和检测。
④润滑膜、磨损表面、腐蚀表面、断裂表面等的观察和实验。
⑤在特定气氛、加热、冷却、湿度控制、化学反应等条件下进行实时观察。
本文限于篇幅无法详细列举。感兴趣的读者,建议参考相关文献 7[)]。

图 9 也是通过 SPM 进行高分辨率观察的例子。图 9(a)是在接触模式下观察的裂解云母的表面,显示了表面的晶体结构,反映了晶格周期。云母易于裂开,容易获得原子级的平坦表面,因此可以在 SPM 中实现原子级分辨率的观察。图 9(b)是在空气中用动态模式观察的环状质粒 DNA 的例子。这枚 DNA 质粒由约 3000 个碱基对组成,从图像上测得周长约 1μm,这与 X 射线衍射谱(XRD)测得的基本单位长度(0.34nm/碱基对)数据非常一致。

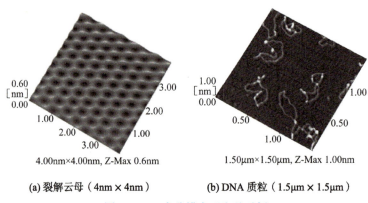

(a) 裂解云母(4nm × 4nm)　　(b) DNA 质粒(1.5μm × 1.5μm)

图 9　SPM 高分辨率观察的示例

11.6 结语

虽然 SPM 发明的时间不长，但其发展速度之快、应用范围之广令人瞩目。未来，具有丰富潜力的 SPM 有望在广泛的技术和理论领域，继续推动基础科学和工程学的飞跃性发展。

文　献

1) G. Binnig, H. Rohrer, Ch. Gerber and E. Weibel: Phys. Rev. Lett., 49, 57(1982).
2) G. Binnig, H. Rohrer, Ch. Gerber and E. Weibel: Phys. Rev. Lett., 50, 120(1983).
3) G. Binnig, C. F. Quate and Ch. Gerber: Phys. Rev. Lett., 56, 930(1986).
4) G. Meyer and N. M. Amer: Appl. Phys. Lett., 57, 2089(1990).
5) Y. Martin and H. K. Wickramasinghe: Appl. Phys. Lett., 50, 1455(1987).
6) M. Nonnenmacher, M.P.O' Boyle and H. K. Wickramasinghe: Appl. Phys. Lett., 58, 2921(1991).
7) 例えば, 秋永広幸(監修), 秦信宏(編著): 走査型プローブ顕微鏡入門, オーム社(2013).

第 12 章

基于小角度 X 射线散射的尺寸和形状测量技术

12.1 引言

半导体器件的微缩化总是伴随着光刻工艺的不断创新进步。未来，曝光技术的创新对于提升半导体器件性能和集成度同样是不可或缺的。与此同时，随着电路的微缩，对微缩图形的加工形状（包括掩膜版图形、光刻胶图形和器件图形等）的控制精度要求也越来越高。这也意味着需要一种能够精确测量器件加工形状的测量技术。

距离劳厄首次发现 X 射线衍射现象已经过去了大约 100 年。这 100 年来，X 射线在晶体结构和参数测量方面一直扮演着核心的角色。最近，随着纳米材料的合成（如纳米颗粒、纳米点、纳米线、纳米管等）的积极研究，小角度 X 射线散射法作为一种测量微观尺寸和形状的方法备受关注[1,2]。小角度 X 射线散射法，在小角度范围（5°～7°）内观察从纳米结构中散射出来的散射 X 射线来确定物体的尺寸和形状。前面列举的许多纳米材料取向性都比较弱，但是尺寸和形状的变化很大。另外，在微缩图形领域中，作为目标的纳米结构（如线条图形、圆柱/圆孔图形等）其尺寸和形状已经得到相当精确的控制，而且具有极高的取向性，因此从这些纳米结构中散射出的 X 射线将出现明显的衍射效应。通过关注这个小角度范围内的衍射 X 射线，就可以确定微缩图形的晶格结构、尺寸和形状。X 射线的特点包括：①波长 λ 大约为 0.1nm，相对于测量目标来说足够小；②使用特征 X 射线时波长的不确定性较小（$\Delta\lambda/\lambda < 10^{-4}$）；③由于 X 射线透射率高，能够非破坏性地测量器件的内部结构等。

12.2 X 射线散射

12.2.1 基本原理

X 射线散射的原理非常简单，通常情况下，可以通过单次散射近似（Born 近似）

来解释。如图 1 所示，假设入射 X 射线的波矢 k 遇到电子数密度分布为 $\rho(r)$ 的电子云，散射到 $\tilde{k}$ 方向上（$|k| = |\tilde{k}| = 2\pi/\lambda$）。入射 X 射线（初态）和散射 X 射线（末态）的波函数分别用 $\psi_{i(k,r)} = e^{ik\cdot r}$ 和 $\psi_{f(\tilde{k},r)} = e^{i\tilde{k}\cdot r}$ 表示，散射振幅 $A(Q)$ 和散射强度 $I(Q)$ 由式 (1) 给出。其中，Q 是散射矢量，定义为 $Q = \tilde{k} - k$。

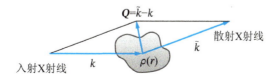

图 1　由电子数密度分布 $\rho(r)$ 引起的 X 射线散射

$$A(Q) = \langle \tilde{\psi}|\rho(r)|\psi \rangle = \int_V \rho(r) e^{-iQ\cdot r} \, dr \tag{1}$$

$$I(Q) = |A(Q)|^2$$

如式(1)所示，散射振幅由电子数密度分布的傅里叶变换给出，而散射强度则由散射振幅的绝对值的平方给出。假设我们能够观察到散射振幅，那么通过逆傅里叶变换就可以直接确定电子数密度分布。然而，实际上我们只能观测到散射强度，无法获得散射振幅的相位信息。这被称为 X 射线的相位问题，是 X 射线测量中经常面临的问题。解决相位问题的方法主要有两种：一种是通过解相位直接确定电子数密度分布的方法。最近，研究人员已经提出了一种相位恢复算法，恢复相位的同时重新建立电子数的密度分布[3)4)]。然而，这需要具有相干性良好的高亮度 X 射线源，而大多数实验室都是使用放射光或 X 射线自由电子激光进行实验，难以达到要求。另一种方法则不需要解相位，而是通过对电子数密度分布进行建模，从而确定测量对象的空间配置、尺寸和形状。可以通过适当的函数来描述电子数密度分布，从而模拟散射强度，并通过优化模型参数使模拟和实验数据匹配，从而得到接近真实的电子数密度分布。这种方法适用于实验室中的 X 射线源，并已经应用于在线测量。在本文中，我们将介绍基于后者的方法。

12.2.2　微缩图形周期结构的建模和衍射条件的确定

对于半导体领域的微缩图形，由于掩膜版图形设计非常精确，晶格参数的偏差通常非常小，可以通过 X 射线衍射来确定晶格结构。如图 2 所示，通过晶格参数为 a、b，夹角 γ 来建立二维单位晶格的模型，可以将散射振幅 $A(Q)$ 描述为单位格子内的散射振幅 $F(Q)$ 和重复周期函数 $S(Q)$ 的乘积。

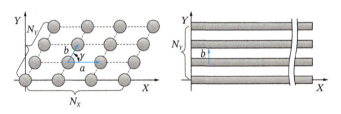

(a) 表面二维晶格　　　(b) 表面一维晶格的模型化

图 2 （a）表面二维晶格和表面一维晶格的模型化

$$F(Q) = \int_V \rho(r) e^{-iQ \cdot r} \, dr$$

$$S(Q) = \sum_{j=0}^{N_X-1} \sum_{k=0}^{N_Y-1} e^{-i(Q_X X_j + Q_Y Y_k)} \tag{2}$$

$$= \frac{\sin(N_X Q_X a/2) \sin(N_Y (Q_X \cos\gamma + Q_Y \sin\gamma) b/2)}{\sin(Q_X a/2) \sin((Q_X \cos\gamma + Q_Y \sin\gamma) b/2)}$$

单位格子内的散射振幅 $F(Q)$ 仅依赖于图形的形状，因此被称为形状因子（Form factor），而重复周期函数 $S(Q)$ 仅依赖于单位晶格的参数，因此被称为结构因子（Structure factor）。在这里，当结构因子的分母为 0 时，给出了衍射条件。具体而言，可以用(3)式来描述：

$$Q_X = 2\pi \frac{h}{a}, \quad Q_Y = 2\pi \left(-\frac{h}{a \tan v} + \frac{k}{b \sin \gamma} \right) \tag{3}$$

在这里，h 和 k 是（hk）反射的反射指数。由于单位晶格的参数有 a、b、γ 这三个，因此通过观察三个方向上不同的 X 射线衍射线，就可以确定单位晶格的参数。对于如图 2（b）所示的表面一维衍射晶格，在 $a \to \infty$ 和 $\gamma \to 90°$ 的极限情况下可以计算出结构因子和衍射条件。

12.2.3　微缩图形形状的建模

为了评估器件微缩图形的形状，仅凭顶视图的线条/沟槽宽度，或圆柱/圆孔直径这些数据是不足够的，还需要深度和侧壁形状的信息。因此，需要使用这些形状参数对微缩图形进行建模。图 3 是对深度方向形状进行建模的示例。引入了侧壁角度和圆角半径作为侧壁的形状参数。图 3 中的 $Z = z(X, Y)$ 是形状函数。如果微缩图形的电子数密度是均匀的，设为 ρ_0，那么可以将 (2) 式的形状因子用形状函数表示，如 (4) 式所示。

$$F(Q) = \rho_0 \int_{\text{Unit cell}} \frac{e^{-iQ_Z z(X,Y)} - 1}{-iQ_Z} e^{-i(Q_X X + Q_Y Y)} \, dX dY \tag{4}$$

这样，X 射线散射强度就反映了微缩图形的形状。根据 X 射线散射强度数据，可以确定尺寸和形状。

图 3 是一个相当简化的形状模型，但也可以提出更具应用价值的模型。例如：

①通过纳米压印转移的光刻胶图形可能会出现倾斜，因此采用左右非对称的模型。

②通过双重图形等加工的器件具有镜像对称性，因此采用镜像对称的模型。

此外，还可以考虑模型内多层薄膜、套刻，或者金属障碍物等模型。

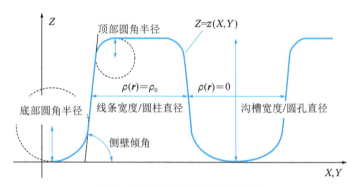

图 3　微缩图形形状模型的示例

12.2.4　统计偏差的测量

X 射线不同于电子显微镜等局部观察，而是大范围的统计平均，因此存在统计偏差（波动）。

1. 图形位置的偏差

在图 2 中的晶格结构是假定图形位于理想的格点上，但在实际情况下，图形位置与理想格点的位置存在一定的偏差。分别用标准差 $\sigma_{P,X}$ 和 $\sigma_{P,Y}$ 的高斯分布来近似 X 方向和 Y 方向的图形位置偏差，结构因子 $S(\boldsymbol{Q})$ 可以表示为无偏差结构因子 $L(\boldsymbol{Q})$（劳厄方程）与 Debye-Waller 因子 $B(\boldsymbol{Q})$ 的乘积。随着图形位置的偏差增大，高阶衍射线的强度将呈指数函数式衰减。

$$\begin{aligned}
S(\boldsymbol{Q}) &= \frac{1}{2\pi\sigma_{P,X}\sigma_{P,Y}} \sum_{j=0}^{N_X-1}\sum_{k=0}^{N_Y-1} e^{-\frac{1}{2}\left(\left(\frac{\Delta X}{\sigma_{P,X}}\right)^2 + \left(\frac{\Delta Y}{\sigma_{P,Y}}\right)^2\right)} e^{-i(Q_X(X_X+\Delta X)+Q_Y(Y_Y+\Delta Y))} \mathrm{d}(\Delta X)\mathrm{d}(\Delta Y) \\
L(\boldsymbol{Q}) &= \sum_{j=0}^{N_X-1}\sum_{k=0}^{N_Y-1} e^{-i(Q_X X_j + Q_Y Y_Y)} \\
&= \frac{\sin(N_X Q_X a/2)\sin(N_Y(Q_X\cos\gamma + Q_Y\sin\gamma)b/2)}{\sin(Q_X a/2)\sin((Q_X\cos\gamma + Q_Y\sin\gamma)b/2)} \\
B(\boldsymbol{Q}) &= e^{-\frac{(Q_X\sigma_{P,X})^2+(Q_Y\sigma_{R,Y})^2}{2}}
\end{aligned} \tag{5}$$

2. 间距漂移

在双重图形化等多次曝光的工艺过程中，由于芯材宽度和侧壁宽度的不同，可能会发生间距漂移（Pitch Walking）。如果间距取 $b + \Delta b$ 和 $b - \Delta b$ 这两个值，并不断重复，则结构因子可以表示为劳厄函数 $L(Q)$ 与间距漂移函数 $P(Q)$ 的乘积。当发生间距漂移时，由于单位晶格长度变为 $2b$，因此会观察到 2 倍超晶格的衍射线。衍射强度随着间距漂移函数的周期性而变化，其周期决定了漂移量 Δb 的值。

$$S(\boldsymbol{Q}) = \sum_{k=0}^{N_Y/2-1} \left(1 + e^{-iQ_Y(b+\Delta b)}\right) e^{-2iQ_Y kb} = L(\boldsymbol{Q})P(\boldsymbol{Q}) \tag{6}$$
$$P(\boldsymbol{Q}) = \frac{\cos(Q_Y(b+\Delta b)/2)}{\cos(Q_Y b/2)}$$

在四重图形化的情况下，以 $4b$ 为单位晶格的长度进行类似的计算，会观察到四倍超晶格的衍射线，根据衍射强度可以得到三种不同的漂移量。

3. 深度的偏差

形状因子，如公式 (4) 所示，是 Z 方向上从 0 到 $z(X, Y)$ 的积分。然而，可以将 Z 方向的积分范围设为 Δ_Z 到 $z(X, Y)$，并通过将 Δ_Z 卷积到标准差 σ_D 的高斯分布中，考虑深度的偏差 σ_D，可以描述为以下形状因子：

$$F(\boldsymbol{Q}) = \int_{\text{Unit cell}} \rho_0 \frac{e^{-iQ_Z z(X,Y)} - e^{-\frac{1}{2}Q_Z^2 \sigma_D^2}}{-iQ_Z} e^{-i(Q_X X + Q_Y Y)} dXdY \tag{7}$$

随着深度的偏差增大，在 Q_Z 较大的区域，形状因子的干涉条纹的振幅会减小。换句话说，通过 Q_Z 方向的干涉条纹振幅的衰减，可以得到深度的偏差。

4. X-Y 面内的尺寸偏差

X-Y 面内的局部尺寸偏差可以通过形状因子和分布函数的卷积来计算，类似于深度的偏差。然而，需要注意以下几点。如果将 X 方向和 Y 方向的尺寸偏差分别用标准差 $\sigma_{S,X}$ 和 $\sigma(S,Y)$ 的高斯分布来近似，形状因子将表示为平均尺寸的形状因子和衰减项 $e^{-\frac{(Q_X^2 \sigma_{S,X}^2 + Q_Y^2 \sigma_{S,Y}^2)}{8}}$ 的乘积。这个衰减项与 (5) 式的衰减因子 $B(Q)$ 类似，具有指数函数的形式，综合起来是 $\exp\{-[Q^2 X(\sigma_{P,X}^2 + \sigma_{S,X}^2/4) + Q^2 Y(\sigma_{P,Y}^2 + \sigma_{S,Y}^2/4)]/2\}$，这意味着无法区分图形位置的偏差和局部尺寸的偏差。对于条纹图形的情况（$Q_X = 0$），几何上有 $\sigma_E^2 = \sigma_{P,Y}^2 + \sigma_{S,Y}^2/4$ 的关系，因此测量的是条纹边缘的平滑度 σ_E。由于这样的背景，X-Y 面内的尺寸变化通常是针对宏观而非局部的。如果 X 射线照射区域大于 X 射线可干涉距离（几十 μm），则全散射强度由每个可干涉区域的散射强度的算术和给出。因此，可以通过宏观尺寸的分布函数与散射强度的卷积来描述全散射强度，并评估宏观尺寸的变化。

12.2.5　小角度入射 X 射线散射畸变波 Born 近似法

小角度入射法是小角 X 射线散射的一种测量方法。由于物质对 X 射线的折射率 n（$= 1 - \delta + i\beta$，δ 约为 10^{-5}，β 约为 10^{-6}）略小于 1，当 X 射线几乎垂直入射表面时，就会观察到全反射现象。在这种情况下，薄膜内部满足折射和多次反射的条件。畸变波 Born 近似法是一种以这种情况为基态处理散射的方法。尽管散射过程有些复杂，但通常可以考虑以下几点：

① 根据菲涅尔方程考虑界面上的透射波和反射波。
② 将深度方向的散射矢量 Q_z 中的折射效应纳入考虑。
详细信息请参考文献 [6][7]。

12.3　小角度 X 射线散射的测量方法

12.3.1　测量配置

小角 X 射线散射的测量有透射测量配置和小角度入射配置两种。透射测量是指 X 射线从被测剖面的垂直方向入射，对透射的散射线进行计数 [8]。透射测量的优点有两个：① 能够测量微小区域。② 能够测量微米量级的深沟等形状。但是由于要透过厚的基板，散射强度非常弱，需要与放射线相当的 X 射线源。而小角度入射是指将 X 射线以很小的入射角 α 入射到被测剖面，对表面散射出来的 X 射线进行计数。虽然 X 射线入射方向的照射宽度扩展到 $1/\sin\alpha$ 倍，但散射信号也会成比例地增加。此外，由于无须透过基板，与透射测量相比，可以获得 1000 倍以上的散射强度。下面将详细解释小角度入射 X 射线散射。

12.3.2　数据获取和分析

图 4 显示了微小角入射 X 射线散射的实验配置。入射角度 α 设置在全反射临界角附近，此时 X 射线入射深度从几 nm 到几十 nm，可以很灵敏地测量表面的结构。X 射线入射方向是与被测剖面垂直的方向。换句话说，如果是线形图形，就使入射 X 射线与线平行。对于像圆柱形或圆孔形这样的三维测量目标，可以根据形状的对称性选择多个入射方向。为了获得

深度方向的形状,需要获取 Q_Z 方向(出射角度 β 方向,$Q_Z \approx 2\pi(\sin\alpha + \sin\beta)/\lambda$)的散射图像。这可以继续旋转水平平面内的旋转角度 ϕ 来实现。X 射线衍射图像通过在扫描面内旋转角度的同时在二维探测器上获取。

图 4 右下方是水平方向的 X 射线衍射图像,显示了与晶格结构相对应的衍射 X 射线(将衍射角度表示为 2θ,$((Q_X^2 + Q_Y^2)^{1/2} = 4\pi \sin(2\theta/2)/\lambda)$。衍射线的强度比反映了水平面内的形状因子,从而得到了 X-Y 面内的平均尺寸。例如,对于线宽与间距比为 $L:S$ 的线形图形,在 $(L+S)$ 的倍数位置衍射强度变弱。当宏观尺寸变化较大时,这一特征消失,衍射峰强度比变得不明显。衍射强度在高阶方向的衰减对应图形位置和局部尺寸的偏差。

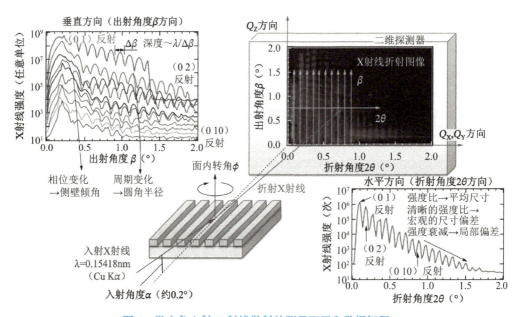

图 4 微小角入射 X 射线散射的测量配置和数据解释

图 4 左上方是沿出射角度方向的衍射图像,显示出深度方向形状因子的特征性干涉条纹。这些干涉条纹的周期和相位主要依赖于反射系数。一阶衍射线的干涉条纹周期 $\Delta\beta$ 与图形的深度($\approx \lambda/\Delta\beta$)相对应,振幅的衰减与深度的偏差相对应。在低出射角度区域,注意到随着衍射线转为高阶,相位也发生变化。这种相位变化对应于侧壁角度,随着侧壁角度偏离 $90°$,相位变化量变大。在高阶衍射线的高出射角度区域,不仅相位发生变化,周期也在变化。周期的变化与圆角半径相对应,圆角半径越大,周期变得越长。因此,尽管衍射图像包含倒空间信息,但可以直观地理解实空间信息。在实际分析中,需要优化形状参数和偏差的参数,以使实验波形与计算波形匹配。

12.4 测量示例

12.4.1 纳米压印 SiO_2 模板的形状测量 [9]

作为下一代半导体技术之一，纳米压印刻蚀法备受关注。转移到光刻胶中的图形形状大致反映了模板的图形形状，然而随着转移次数的增加，模板也会发生磨损和退化。因此，从质量稳定性的角度来看，模板图形形状的管理也是很重要的。图 5 显示了针对三种不同沟槽宽度和侧壁形状的模板，分别通过透射电子显微镜（TEM）和小角度 X 射线散射法测得的结果。此外，图 6 展示了对出射角度方向的干涉条纹的分析结果。在分析中，用二梯形形状来模拟侧壁的直线部分，并使用了以两种不同半径来模拟上部和底部的椭圆形状。图 6 中的拟合结果很好地再现了实验数据。图 5 中白色图所示的 X 射线测量结果是基于优化参数的横截面形状，不仅包括沟槽宽度和深度，还包括与 TEM 观察结果非常匹配的上部轻微的逆锥形和圆形。

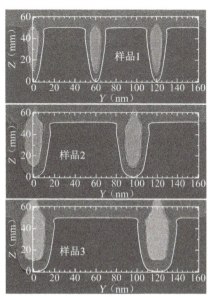

图 5 SiO_2 模板的 TEM 观察和小角度入射 X 射线散射的测量结果比较

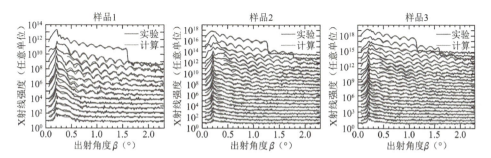

图 6 SiO_2 模板的出射角度方向小角度入射 X 射线散射的分析

12.4.2 光刻胶圆孔图形的形状测量 [10]

光刻胶的图形形状对曝光条件的变化非常敏感，同时也对添加剂含量和黏度等微量变化非常敏感。另外，光刻胶受到电子束照射会受到损伤。因此，需要一种非破坏性的测量方法来管理图形形状。图 7 展示了用不同的曝光条件制备的两种圆孔图形的 CD-SEM 观察结果、剖面 SEM 观察结果，以及小角度入射 X 射线散射的测量结果。单元晶格常数是 $a = b = 90$nm，$\gamma = 90°$，属于立方晶格。从剖面 SEM 的结果来看，样品 1 呈现出侧壁倾角近 90° 的圆柱形状，而样品 2 在底部显示出明显的圆锥形状。从 CD-SEM 观察图像来看，面内各向异性较小，大体上呈圆形。此外，与样品 1 相比，样品 2 的图形位置偏差和局部尺寸偏差较大。图 8 显示了小角入射 X 射线散射的水平方向衍射图形（上部）和出射角度方向的干涉条纹（下部）。为了通过 X 射线测量获得完整的 3D 形状，需要进行 360° 的面内旋转测量，但由于 X-Y 平面内形状的对称性较高，入射方向仅选择[1 0]和[1 −1]，并使用无面内各向异性的模型进行分析。在图 8 的下部图表中，可以看到低出射角度区域的高阶干涉条纹之间存在明显差异。这表明样品之间存在侧壁形状的差异。通过 X 射线获得的横截面形状与剖面 SEM 观察得到的侧壁形状特征和形状很匹配。干涉条纹的振幅衰减率没有差异，深度的偏差也没有太大差异（样品 1 和样品 2 分别为 0.4nm 和 0.5nm）。图 8 上部图表显示了水平方向的衍射强度谱。样品 1 在不同方向上的衍射峰强度之比相对于样品 2 体现出更明显的差异，表明样品 1 的宏观尺寸波动较小（样品 1 和样品 2 分别为 1.1nm 和 3.0nm）。此外，在高阶衍射强度衰减方面，样品 2 更为明显，显示出局部偏差更大。局部偏差[$= \sigma^2(P,Y) + \sigma^2(S,Y)/4$]分别为 3.3nm 和 4.1nm，与 CD-SEM 观察的趋势定性一致。

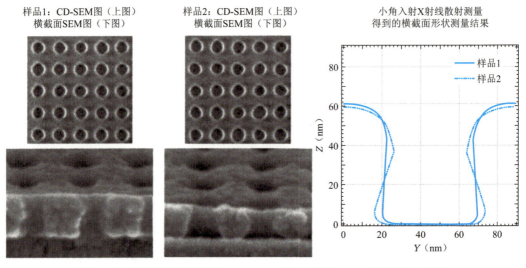

图 7　光刻胶圆孔图形进行的 CD-SEM 观察、剖面 SEM 观察以及小角度入射 X 射线散射测量所得到的横截面形状的结果

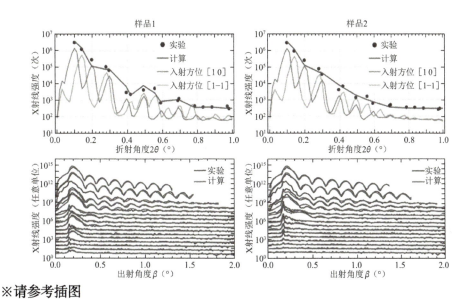

图 8　光刻胶圆孔图形进行微小角度入射 X 射线小角度散射分析的结果
（上段：水平平面内的衍射强度数据。下段：出射角度方向的干涉纹）

12.5　结语

　　X 射线的波长非常短，并且波长的不稳定性很小，因此即使使用非标准样品，也可以灵敏地检测出样品的尺寸、形状和微小的偏差。因此，X 射线测量被推广到了光刻掩膜版和光刻胶图形等需要精密测量的检测领域[9)-12)]。此外，X 射线测量功能的丰富性也得到了证明，并且在在线测量中作为散射测量的验证工具得到了应用[5)]。

　　预计未来会出现形状更加复杂的三维形状的器件。在这种三维形状测量中，可以利用相位恢复算法推算初始模型，这个功能将变得更加重要。此外，预计未来可能会出现分辨率更高的 X 射线显微镜，可以直接观察实空间而不是倒空间。当然，也一定会面临许多挑战，但这些对于 X 射线测量技术来说都是未来发展的必经之路。

文　献

1) K. Omote, Y. Ito and S. Kawamura: Appl. Phys. Lett., 82, 544(2003).

2) J. M. Mane, C. S. Cojocaru, A. Barbier, J. P. Deville, B. Thiodjio and F. L. Normand: Phys. Stat. Sol.(a), 204, 4209(2007).

3) J. Miao, P. Charalambous, J. Kirz and D. Sayre: Nature, 400, 342(1999).

4) Y. Takahashi, A. Suzuki, N. Zettsu, Y. Kohmura, K. Yamauchi and T. Ishikawa: Appl. Phys. Lett., 99, 131905(2011).

5) H. Abe, Y. Ishibashi, C. Ida, A. Hamaguchi, T. Ikeda and Y. Yamazaki: Proc. of SPIE, 9050, 90501L(2014).

6) S. K. Sinha, E. B. Sirota, S. Garoff and H. B. Stanley: Phys. Rev. B, 38, 2297(1988).

7) K. Omote, Y. Ito and Y. Okazaki: Proc. of SPIE, 7638, 763811(2010).

8) R. L. Jones, T. Hu, E. K. Lin, W. L. Wu, R. Kolb, D. M. Casa, P. J. Bolton and G. G. Barclay: Appl. Phys. Lett., 83, 4059(2003).

9) E. Yamanaka, R. Taniguchi, M. Itoh, K. Omote, Y. Ito and K. Ogata: Proc. of SPIE, 9984, 99840V(2016).

10) Y. Ito, A. Higuchi and K. Omote: Proc. of SPIE, 9778, 97780L(2016).

11) K. Omote, Y. Ito, Y. Okazaki and Y. Kokaku: Proc. of SPIE, 7488, 74881T(2009).

12) Y. Ishibashi, T. Koike, Y. Yamazaki, Y. Ito, Y. Okazaki and K. Omote: Proc. of SPIE, 7638, 763821(2010).

第 13 章

MEMS 技术的微缩图形化应用

13.1 引言

利用半导体微缩加工技术，MEMS（微机电系统）不仅可以制作电路，还可以在 Si 芯片上制作传感器、微系统以及机械机构等。在最新的微缩投影光刻机中，为了优化照明以适应掩膜的图形，使用了约 1000 个可移动镜片组成的镜片阵列[1]。此外，一种反射镜阵列也被发明出来，它能将 KrF 准分子激光（248nm），通过 256×256 的镜片阵列反射，将照射面积缩小到 1/160[2]。本文将讨论 MEMS 技术在极紫外光（EUV）光源滤波器和用于超大规模平行电子束刻蚀的有源矩阵电子源中的应用。

13.2 EUV 光源滤波器

波长 13.5nm 的 EUV 光源是下一代光刻技术中最重要的核心技术。在实际的光刻机应用中，光源必须有足够的强度。产生 EUV 光的方法之一是 LPP（激光产生等离子体）的方式，如图 1 所示。该方法通过将波长 10.6μm 的 CO_2 红外激光照射到 Sn 液滴上产生等离子体，由等离子体产生 EUV。

由于红外光和 EUV 同时存在，于是就需要设计一个滤波器，隔绝红外光，允许 EUV 通过[3]。图 2 展示了这种滤波

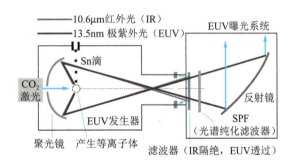

图 1　在 EUV 光源中使用的 IR 隔绝・EUV 透过滤波器

器的制作工艺，图 3 是实物照片，图 4 是该滤波器的透射特性。滤波器的表面镀 Mo（钼）是一系列窗口，每个窗口宽度 4.5μm，这样的滤波器红外光透射率为 0.25%，EUV 透射率为 78%。

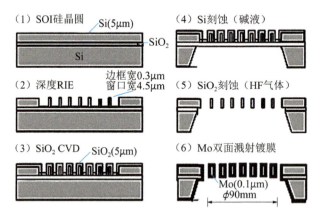

图 2　IR 隔绝·EUV 透过滤波器的制作工艺

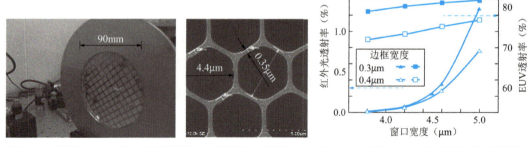

图 3　IR 隔绝·EUV 透过滤波器照片（右图为放大照片）　　图 4　IR 隔绝·EUV 透过滤波器透射特性

13.3　基于有源矩阵纳米硅电子源的超大规模平行电子束刻蚀

为了实现 LSI 数字制造中的无掩膜（Maskless）刻蚀以及更高的晶圆产量，研究人员正在开发超大规模平行电子束刻蚀设备[4)-6)]，其示意图如图 5 所示。首先是电子源的研究[7)8)]。假设要在晶圆上刻蚀一万亿（10^{12}）个图形，如果使用 10^4 条平行电子束，就需要绘制大约一亿（10^8）次。为了提高生产效率，可以增加平行电子束的数量，但是如果使用有源矩阵电子源，则无法降低电子源的驱动电压，因此无法减小晶体管的尺寸，矩阵的体积太大，无法实现。为此，东京农工大学的越田信义教授和 Crestec 公司开发了纳米晶硅（nc-Si）电子源技术。使用这种技术，可以在约 10V 的低电压下发射电子束。

以下就来介绍基于这种 nc-Si 电子源的平面型电子源和皮尔斯型电子源、100×100 有源矩阵的驱动电路（LSI）以及曝光实验的结果。

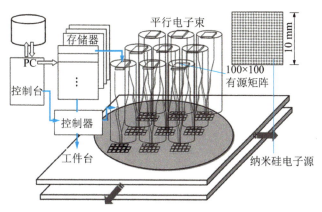

图 5　超大规模平行电子束刻蚀有源矩阵 nc-Si 电子源示意图

13.3.1　纳米晶硅电子源

图 6 展示了纳米晶硅电子源的原理及特性。在氢氟酸中对硅进行阳极氧化形成多孔硅，然后将其氧化，形成隧道结构的级联，加速的电子能够穿透表面的薄金属（Au），在约 10V 的低电压下释放电子[9]。

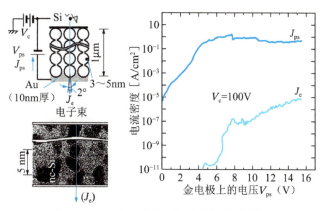

图 6　nc-Si 电子源（左）及其特性（右）

13.3.2　平面型 nc-Si 电子源

平面型 nc-Si 电子源的制作工艺过程如图 7 所示[10]。在多晶硅上形成了 nc-Si 阳极，多晶硅的背面连接驱动电路（LSI），如图 8 所示。

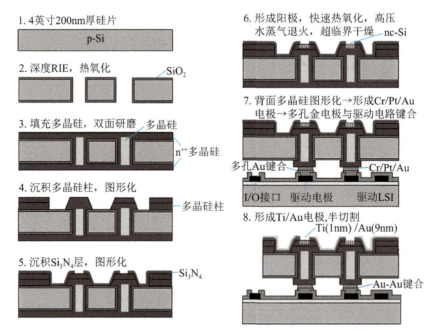

图 7　平面型 nc-Si 电子源的制作工艺

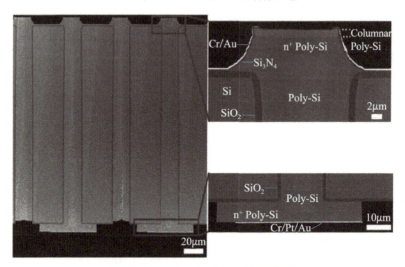

图 8　平面型 nc-Si 电子源的横截面

13.3.3　皮尔斯型 nc-Si 电子源

图 9 显示的是皮尔斯型曲面电子源的结构[11]。矩阵中的每一个电子源的背面都连接到驱动电路。图 10（a）是该电子源的实物照片。此外，图 10（b）显示了电子轨道的模拟结果，电子通过引出电极，形成高密度、细长且平行的电子线。

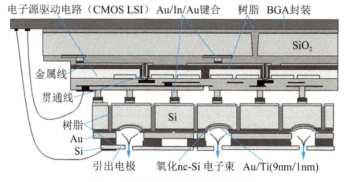

图 9　皮尔斯型曲面电子源的结构

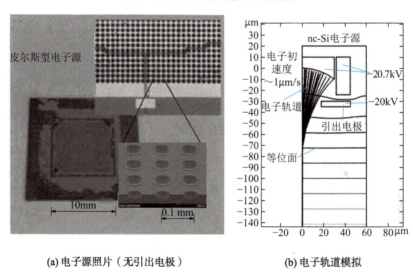

(a) 电子源照片（无引出电极）　　(b) 电子轨道模拟

图 10　皮尔斯型 nc-Si 电子源

13.3.4　有源矩阵驱动电路 LSI

图 11 展示的是 100×100 有源矩阵电子源的驱动电路芯片，以及用于驱动每个电子源的单元电路[12]。左下角照片中看到的同心圆，彼此是电气分离的，用来提供偏压，修正电子束的像面弯曲（如图 12 所示）。

13.3.5　曝光实验

在等比例曝光设备（图 13）中，用电子束曝光后，光刻胶上的曝光结果如图 14 所示。经过对比，证明了平面型电子源和皮尔斯型电子源均可用于电子束曝光。

测试实验并未将 100×100 矩阵 nc-Si 电子源与上述驱动电路连接，而是将 17×17 的 nc-Si 电子源与市售的有源矩阵 IC 驱动电路连接[13]。经图 13 的曝光设备曝光后，实验结果如图 15 所示。光刻胶上的曝光位置（图中白色部分）与矩阵中工作的电子束（图中小方格）对应，说明矩阵工作正常。

在此基础上，1/100 微缩图形曝光实验装置也已经制作完毕，计划将会继续进行实验验证。

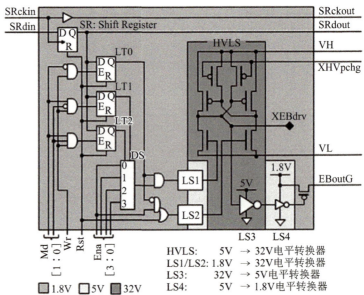

（左：芯片照片，右：单元电路）

图 11　驱动电路芯片

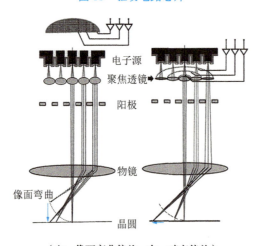

（左：像面弯曲偏差，右：畸变偏差）

图 12　偏差校正

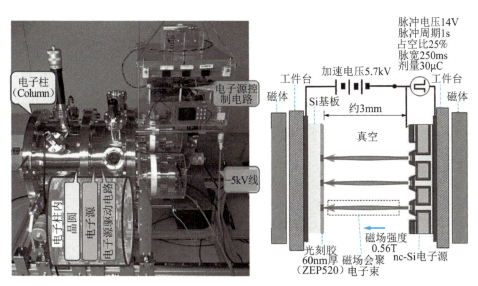

图 13 等比例曝光设备

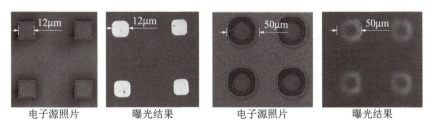

(a) 平面型电子源　　　　　　　(b) 皮尔斯型电子源

图 14 nc-Si 电子源的照片和曝光结果

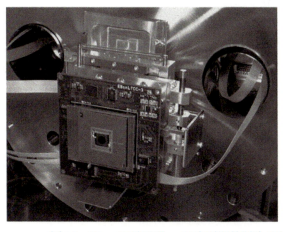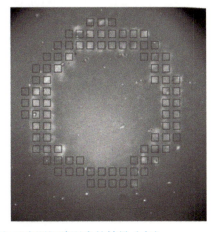

图 15 17×17 平面型 nc-Si 电子源的照片（左）和有源矩阵曝光的结果（右）

13.4 结语

关于 MEMS 技术在微缩图形制作方面的应用，我们介绍了一种 EUV 光源滤光器的原理，还介绍了一种用于超大规模平行电子束刻蚀的有源矩阵 nc-Si 电子源。

文 献

1) W. Endendijk et al.: Transducers 2013, 2564(2013).
2) J. Aman et al.: SPIE Proc., 5256, 684(2003).
3) Y. Suzuki et al.: Sensors & Actuators A. Physical, 231, 59(2015).
4) M. J. Wieland et al.: SPIE Proc., 7271, 72710O(2009).
5) C. Klein et al.: SPIE Proc., 7637, 76370B(2010).
6) P. Petric et al.: J. Vac. Sci. Technol. B, 28(6), C6C6(2010).
7) J. Ho, T. Ono, C. –H. Tsai and M. Esashi: Nanotechnology, 19, 365601(2008).
8) Y. Tanaka, H. Miyashita, M. Esashi and T. Ono: Nanotechnology, 24, 015203(2012).
9) A. Kojima et al.: SPIE Proc., 8680, 868001(2013).
10) 池上尚克: 電気学会論文誌 E, 135(6), 221(2015).
11) 西野仁: 電気学会論文誌 E, 134 (6), 146(2014).
12) 宮口裕: 電気学会論文誌 E, 135 (10), 374(2015).
13) 宮口裕: 第 32 回「センサ・マイクロマシンと応用システム」シンポジウム, 28am2-A-5(2015).

第14章

先进刻蚀技术概要
——原子级低损伤高精度刻蚀

14.1 引言

在半导体器件制造中,反应离子刻蚀技术(RIE)在微缩加工、表面改性、薄膜沉积等关键工艺中得到广泛应用,一些工艺的加工精度甚至已经精确到了原子、分子的级别。然而未来主流的纳米级极微缩器件等离子刻蚀工艺中,一定会面临图1所示的问题,即由等离子体发射的电子或离子的积累,导致绝缘膜破裂、异常刻蚀,以及真空紫外光等照射引起的数十 nm 深度的表面缺陷问题等[1)-4)]。特别是纳米器件,由于表面积非常大,因此紫外线照射导致的表面缺陷问题就比以前的大尺度器件更加严重。此外,在未来的纳米器件中,由于需要原子层面的三维尺寸控制,因此具有选择性和高精度的表面化学反应控制也显得更加重要。

作为解决这些问题的手段,我们团队开发的"中性粒子束刻蚀(NBE:Neutral Beam Etching)"引起了关注[5)-9)]。中性粒子束可以抑制带电粒子或辐射光对基板的入射,使它们只能照射仅具有动能的中性粒子,从而在原子层面抑制缺陷的产生,高精度地控制表面化学反应。本文介绍了我们团队开发的中性粒子束的产生,并讨论了这项技术在纳米工艺和器件方面的最新应用。

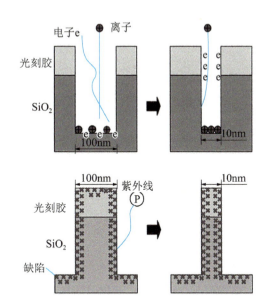

图1 等离子刻蚀工艺中,电荷积累和紫外线照射损伤导致的刻蚀形状异常和表面缺陷的产生

14.2 中性粒子束生成装置

1992 年，寒川教授（当时任职于 NEC）发明了约 10μs 周期的脉冲时间调制等离子体技术 [10]，这项技术在目前等离子体刻蚀领域依然占领着半壁江山。寒川在这项脉冲时间调制等离子体技术的基础上进一步发展，于 2000 年提出了一种高效生成中性粒子束的方法（见图 2）。

该方法通过感应耦合产生等离子体，等离子体生成室（石英室）的上下都设有用于离子加速的碳电极。气体从上部电极中喷淋进入反应室，等离子体产生的电场使离子加速通向下部电极。下部电极中布满高宽比 10 以上的孔隙。离子通过孔隙时，与孔隙侧壁碰撞，交换电荷，成为电中性，完成了中性化。在微秒级脉冲时间调制的等离子体中，在电场关闭期间电子丧失了大量能量，容易与电子亲和力较大的卤素气体（氯、氟、溴）等发生解离性附着，于是电子被转化为负离子，形成由正负离子组成的等离子体。然后在等离子体中施加正负电场，等离子体中的正负离子分别通过孔隙，从而测量中性化率。实验发现负离子几乎 100% 中性化，而正离子的中性化率约为 70%~80% [11]。

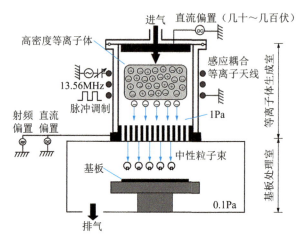

图 2　中性粒子束生成装置。使用脉冲时间调制等离子体高效生成正负离子，首次实现了高中性化率的粒子数

通过含时 Kohn-Sham 方程式详细分析中性化的机制，发现负离子通过碳和能量接近的轨道发生共振跃迁，电子的跃迁概率较高，从而实现了很高的中性化率 [12]。而正离子中，由于较远的轨道之间多能级的俄歇跃迁，电子的跃迁概率较低，因此中性化率较低。因此，在脉冲时间调制等离子体中性粒子生成装置中，相比于使用正离子的情况，使用负离子进

行中性化能够实现高效、高密度、低能量的中性粒子束生成。

该中性粒子产生技术已经应用于各种亚 25nm 先进器件的制备中，实现了传统方法无法实现的工艺和器件特性。本文将特别介绍亚 22nm 节点的三维鳍式场效应晶体管（FinFET）的加工 [7]，基于生物模板的量子点生成 [13]-[15]，通过原子级的聚合反应控制实现的低介电常数（Low-k）膜沉积技术 [16]，以及通过原子级的配合物反应控制实现的过渡金属、磁体刻蚀技术 [17]。

14.3 22nm 节点之后的纵向鳍式场效应晶体管

在传统的平面型 MOSFET 晶体管中，由于很难完全切断工作时的漏电流，因此普遍认为 22nm 节点已经接近器件的极限。具有纵向通道的三维结构 MOSFET 器件，如鳍式场效应晶体管（FinFET），突破了 22nm 节点的限制，并且在全球范围内得到广泛研究。然而，具有三维结构的纵向通道在加工过程中容易受到损伤，或产生形状异常，加工表面的粗糙度可能导致载流子迁移率的降低，给器件微缩化带来了很大的障碍。于是，加工工艺成了亟待解决的问题。由于中性粒子束刻蚀可以抑制缺陷，因此可以将中性粒子束刻蚀技术应用于 FinFET 器件纵向沟道的加工，并研究其在实际器件上对晶体管特性的改善情况。

图 3 显示了试制的 FinFET 器件的基本结构。该晶体管的沟道垂直地立在硅基板上，形成了三维的鳍状结构。在传统的等离子体刻蚀中，尺寸微小的鳍的侧壁部分容易受到等离子体释放的高能紫外光的损伤等影响，导致小尺寸高性能的 FinFET 器件一直难以实现。研究人员首次将电中性粒子束，以及动能较小的软性中性粒子束刻蚀技术应用于 FinFET 器件的制造，并成功实现了晶体管的正常功能。图 4 展示了试制的 FinFET 器件的扫描电子显微镜（SEM）照片。此外，图 5 是器件沟道部分的透射电子显微镜（TEM）照片。通过中性粒子束刻蚀，通道中电子通过的区域在原子层面（黑色圆点表示硅原子）上是平坦的，相比于等离子体刻蚀，几乎没有损伤硅基板，这一点非常显著 [7]。

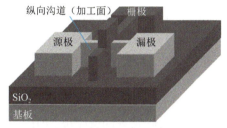 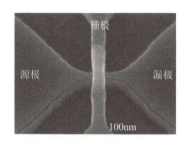

图 3 试制的 FinFET 器件基本结构示意图　图 4 试制的 FinFET 器件的 SEM 照片

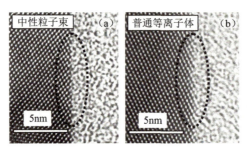

图 5　器件沟道部分的透射电子显微镜（TEM）照片

图 6 显示了试制的 FinFET 器件沟道内电子迁移率的测量结果。电子迁移率是衡量通道内电子运动性能的重要指标，迁移率越大，说明器件越能够在低电压下保持正常工作性能，器件的能耗越低，也就越能解决集成电路开发中非常重要的器件发热问题。用中性粒子束刻蚀技术制作的器件相比于传统的等离子体刻蚀，电子迁移率提高了 30% 以上，几乎达到了理想状态[7)8)11)]。

FinFET 晶体管作为突破晶体管微缩尺寸极限的产品，引发了全球范围内研究和应用的热潮。中性粒子束刻蚀技术可以方便地控制电中性粒子的能量，将 FinFET 晶体管的性能大幅提升至理想状态[7)8)11)]。这都是由于中性粒子束能够在不损伤硅基板表面的情况下进行加工，表面平整度甚至可以达到 1nm 以下，是 22nm 节点之后的半导体器件实现原子级平整度必不可少的技术，为微缩器件的研发提供了极大的支持。

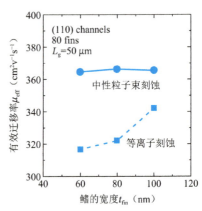

图 6　试制的 FinFET 器件沟道内电子迁移率的测量结果

14.4　无缺陷纳米结构及其特性

到 2020 年，晶体管技术似乎已经解近物理极限。作为新的发展方向，利用量子效应的纳米器件开发变得火热起来。在量子器件中，以原子级的精度形成无缺陷的纳米结构（点、线）是关键。传统上，纳米量子点的制备主要有两类方法：自上而下的（例如等离子体刻蚀）和自下而上的（例如分子束外延）。在采用自上而下的等离子体刻蚀技术时，释放出的紫外线会造成器件表面的缺陷，而且由于电荷的积累，导致加工表面残留高密度的缺陷，因此器件的极限只能停留在数十 nm 左右。而自下而上的方法中，虽然问题较少，但由于晶格缺陷的问题，存在量子点排列或结构的不均匀、应力应变等问题，只有在有限的材料和结构中才能实现量子效应。为了量子纳米器件的广泛应用,就必须制备出不依赖于材料的纳米量子结构。

因此,研究人员提出了用低能中性粒子束自上而下生成 10nm 以下无缺陷的纳米量子点的方法。自上而下的方法其优点在于无论材料的种类和组合,都能形成均匀的量子结构。山下等人[13]提出一种生物纳米工艺,用几 nm 的点作为掩膜进行刻蚀,以替代传统的光刻技术。如图 7 所示,生物超分子铁蛋白外径为 12nm,内有 7nm 直径的空洞。空洞带负电荷,可以将含有铁离子的溶液导入空洞,由于静电力的作用,铁离子会形成氧化铁的结晶(铁芯),铁芯的直径为 7nm。利用铁蛋白的自组装能力,将其选择性地排列在 SiO_2 基板上的 2 维阵列中,用紫外线臭氧处理或者热处理除去蛋白质层,基板上就只有铁芯留在原位,可以作为刻蚀的掩膜[14]。这种工艺可以用来制备尺寸和结构可控的量子纳米圆盘超晶格结构。

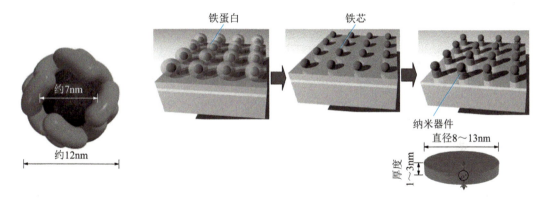

以直径 7nm 的铁芯作为掩膜进行刻蚀,无损形成 10nm 以下的超细微结构。

图 7 生物超分子铁蛋白的二维结晶化,和用铁芯作为刻蚀掩膜的中性粒子束刻蚀工艺

图 8 展示了实际制备的直径约为 10nm 的硅、锗、砷化镓、石墨烯纳米圆盘结构。这些纳米圆盘排成了高密度、均匀、等间隔的阵列。这些不同材料的纳米圆盘阵列结构在保持直径为 10nm 的情况下,仅改变厚度就能精确地调整禁带宽度,并且在 GaAs/AlGaAs 量子点的激励下产生了光致发光,如图 9 所示。可以看出,根据材料和尺寸的不同,这种量子材料的禁带宽度是在大范围内可调的,这种灵活的能带调整方法(能带工程)也是独一无二的。同时,这种通过自上而下的方法制备的 GaAs 量子点也是首次观察到光致发光,经时间分辨测量确认其发光机制不是缺陷发光,而是来自量子点本身[15]。这表明,中性粒子束刻蚀形成的亚 10nm 量子点的表面充分抑制了缺陷,真正发挥出了与材料本身无关的自上而下的制备方法的优势。目前能带灵活可调的量子点太阳能电池和量子点激光器的开发也正在积极进行中。

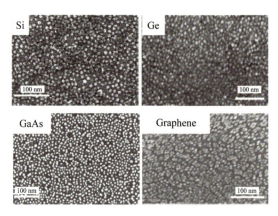

结构均匀,高密度,规则排列,无缺陷。

图 8　用直径为 7nm 的铁芯作为掩膜,得到的硅、锗、砷化镓、石墨烯纳米圆盘结构的电子显微镜图像

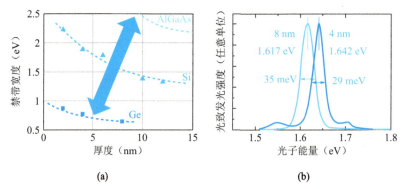

图 9　(a)硅、锗、铝镓砷纳米圆盘结构中圆盘厚度对禁带宽度的影响,(b)砷化镓纳米圆盘结构的光致发光

14.5　原子层面的表面化学反应控制

14.5.1　低介电常数薄膜成长中的分子结构控制

随着半导体集成电路的微缩化,半导体元件之间的寄生电容越来越大。因此半导体器件信号在导线的影响下会出现明显的延迟问题(RC 延迟),影响器件的工作速度。为了减小导线之间的寄生电容,可设法降低层间绝缘膜的介电常数 k 及金属导线的电阻。比如在 SiO_2 绝缘膜中添加碳,形成 SiOCH,还可以引入"孔隙"(Pore),进一步降低绝缘膜的介电常数。然而众所周知,气孔的引入会降低膜的机械强度,从而在加工中导致薄膜的剥离。

此外，还存在因等离子体损伤导致的介电率上升，以及金属加热扩散导致的绝缘性能下降等问题，使得介电常数的降低变得更加困难。因此，如何在不形成孔隙的情况下降低膜的介电常数就成了一个难题。笔者团队利用中性粒子束，通过高精度地控制分子结构来实现低介电常数的非多孔绝缘材料。在小型 SiOCH 分子中，我们计算了两种结构所具有的偶极矩的理论计算结果。图 10（a）是非对称结构，图 10（b）是对称结构。由于偶极矩的总和反映为极化率，因此通过了解小型分子的偶极矩，我们就可以探求 SiOCH 的最佳分子结构。计算使用了密度泛函理论中的 B3LYP 法，使用 6-31G（d）作为分子轨道进行结构优化和振动频率分析，并计算了偶极矩。从图 10 的结果中可以看出，对称结构相比于非对称结构，偶极矩只有后者的 1/7 左右。此外，我们计算了高对称性 SiOCH 分子结构的介电常数理论值的变化情况。如图 10（c）所示，即使在大型分子结构下，分子的理论介电常数也只有 2 左右。通过这些研究，我们预计如果能在 SiOCH 中提高膜内分子结构的对称性，就有望实现低介电常数的非多孔绝缘材料。

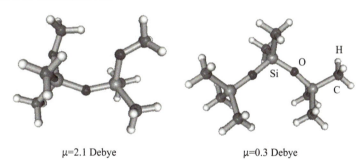

(a) 非对称结构 SiOCH 分子的偶极矩　　(b) 对称结构 SiOCH 分子的偶极矩

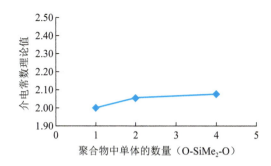

(c) 对称结构 SiOCH 分子的介电常数理论值

图 10　由于分子结构差异引起的偶极矩差异和介电常数理论值的计算结果

为了在薄膜中控制分子结构，需要在保证气体分子的结构进入薄膜后依然保持不变的情况下进行聚合。在这项研究中，我们使用 Ar 中性粒子束的激发表面反应的方法来制备非多孔 SiOCH 薄膜[16]。通常情况下，材料气体在等离子体中由于其紫外照射和带电粒子的作用而在气相或表面上产生分解，想要在薄膜中维持气体的分子结构非常困难，于是也就无法控制沉积膜的分子结构。但是使用 Ar 中性粒子束，就可以保证通入下层沉积室的材料气体的分子结构保持不变，并且利用 Ar 中性粒子束的动能激发和聚合材料气体。另外，为了实现具有高对称性的 SiOCH 分子结构，我们选择 DMOTMDS 作为材料气体。DMOTMDS 中有 O—Si—O 链，侧链上有 Si—CH$_3$ 结构，并在末端具有 Si—O—CH$_3$ 结构。Si—CH$_3$ 键和 O—CH$_3$ 键的结合能分别为 14eV 和 8eV[13]。

在这里，我们控制 Ar 中性粒子束的能量在 10eV，仅用来打断 O—CH$_3$ 键，促进 O—Si—O 的聚合，从而在硅片上形成 SiOCH 薄膜。另外我们准备了通过常规 PECVD 方法制备的 SiOCH（PECVD SiOCH），来与中性粒子束 CVD 生长的 SiOCH（NBECVD SiOCH）进行比较。表 1 中比较了 PECVD SiOCH 和 NBECVD SiOCH 的薄膜特性。电学特性使用水银探针法测定，薄膜中的孔隙通过小角度 X 射线散射法评估，机械强度通过纳米压痕法评估，膜密度通过 X 射线反射法评估。值得注意的是，尽管 NBECVD SiOCH 中未检测到孔隙，但其介电常数的值低于 PECVD SiOCH。此外，由于没有孔隙，机械强度和膜密度也提高了[13]。

表 1 PECVD 法和 NBECVD 法生长的 SiOCH 薄膜性能比较

	测量方法	PECVD SiOCH	NBECVD SiOCH
介电常数 k	水银探针	2.6	2.2
机械强度（GPa）	纳米压痕仪	6.0	11.7
密度（g/cm^3）	X 射线反射	1.27	1.54
空隙大小（nm）	X 射线散射	1.2	未检测到

此外，通过 X 射线光电子能谱（XPS）对膜结构进行了详细评估。已知聚二甲基硅氧烷（PDMS，(C$_2$H$_6$OSi)$_n$）中元素比 C/Si = 2，O/Si = 1。通过 XPS 对膜中成分的研究结果表明，NBECVD SiOCH 的 C/Si = 2，O/Si = 1.5。而 PECVD SiOCH 的 C/Si = 0.6，O/Si = 1.6。从这些结果中可以推断出，在 NBECVD SiOCH 膜中，PMS 的含量正在增长。然而，从氧元素比来看，不仅是 PMS，这些链状分子通过丰富的氧元素连接成了更多的网络结构。此外，在 NBECVD SiOCH 中，通过分析 C 的 1s 谱（图 11（a））和 Si 的 2p 谱（图 11（b）），来了解碳和硅的结合状态，进一步解析了其分子结构[16]。C 的 1s 谱显示了由 Si—C 键引起的 282.3eV 峰和由 C—C 键引起的 284.5eV。从 C—C 键的出现可以了解到 Si-CH$_3$ 成分相互发生了交联。在 Si 的 2p 谱中观察到多个峰，分别为 SiO$_2$—C$_2$（101.5eV）、SiO$_3$—C（102.5eV）、Si—O$_4$（103.5eV）。由于 102.5eV 是 Si 2p 的主峰，可以看出 PMS 成分在膜中生长。从这些结果中

可以看出，NBECVD SiOCH 的膜结构主要是 PMS 的链状生长，这些链状分子又通过 Si—O 或 C—C 形成网状结构。这样，即使是非多孔的 SiOCH，也能够获得低介电常数，并且具有较高的机械强度。因此，中性粒子束是一种具有突破性的薄膜沉积技术，可以在真空中并且在低温下对传统上难以控制的分子聚合反应进行控制。

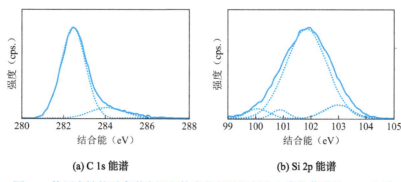

(a) C 1s 能谱 　　　　　　　　　　(b) Si 2p 能谱

图 11　使用中性粒子束激发沉积技术获得的超低介电常数薄膜的 XPS 光谱

14.5.2　通过配位反应对过渡金属和磁体进行刻蚀

相对于传统的内存，如 Flash 存储器和 DRAM 使用内部电子进行记录，MRAM 采用了类似硬盘等磁体的存储技术。它利用了"TMR 效应"，在两层磁体薄膜之间夹上数个原子层厚度的绝缘体薄膜，通过改变两侧的磁化方向（磁铁的磁力线方向）来实现电阻值的变化。MRAM 的地址访问时间在 10ns 左右，周期时间在 20ns 左右，比 DRAM 快 5 倍，同时具有与 SRAM 相当的高速读写性能。此外，MRAM 的功耗只有 Flash 存储器的约 1/10，集成度也很高。因此，它被期望成为能够取代 SRAM 和 DRAM，节省能源，并能应对瞬态停机等情况的通用存储设备。

然而，MRAM 设备中存在一个主要问题，就是其使用的过渡金属和磁性薄膜材料的加工困难。制造 MRAM 需要以几 nm 的精度堆叠钽（Ta）、钌（Ru）、铂（Pt）等过渡金属，然而，由于这些物质缺乏挥发性，除了溅射法以外几乎无法进行薄膜加工。因此，难以获得垂直的加工形状，会观察到侧壁有腐蚀物的堆积现象，这限制了设备的微型化和高度集成化。而如果提高材料的挥发性，在高温下进行等离子体刻蚀，则会导致磁体的磁性下降，这也是一大难题。

等离子体刻蚀工艺已经应用于半导体工艺中使用的许多材料，其反应机制也已经得到明确。然而，对于过渡金属和磁体而言，由于在等离子体刻蚀过程中通常使用卤素，存在金属腐蚀问题，即在刻蚀处理后，残留的卤化物会导致金属腐蚀，需要提高基板温度以蒸发这些物质，但是这种加热会导致磁性的退化。虽然还可以利用氩离子进行物理溅射，但是它具有选择性较低的问题，刻蚀的侧壁上也会有溅射的原子附着，从而使器件的微缩化变得困难。为了解决这些问题，一种在低温下仍然能够高效进行的基于化学反应的方法被提出，基于计算科学依靠中性粒子束实现全新的氧化-金属配位反应。

这项工艺的关键在于对金属的表面氧化反应情况做出预测[17]。通常情况下,金属固体表面具有紧密的晶体结构,因此配位体在表面直接发生金属配位反应的可能性非常小。氧化金属的键长大于晶格常数,密度降低,可以使配位体有足够的空间进入。但是要用传统的热处理来使过渡金属和磁体氧化的话,需要300~800℃的温度,特别是对于像Pt这样的材料,即使是800℃也不容易发生氧化(Ta、Ru的热氧化活化能分别为0.15eV、0.17eV)。

为此,笔者团队开发了一种方法。首先用某种氧化物中性粒子束照射金属或半导体,验证其能否在低温下生成高质量的氧化物薄膜。如果可以,则把这种氧化物中性粒子束和配位体(例如乙醇)同时照射到目标(过渡金属或磁体)上,从而在室温下同时实现金属的氧化和配位反应。具有动能的氧化物中性粒子束能够在室温下有效地氧化过渡金属和磁体的表面(例如,Ta、Ru、Pt的中性粒子束氧化活化能分别为0.015eV、0.015eV、0.023eV),不需要等离子体,也不需要解离,就可以直接在金属氧化物表面吸附配位体(如乙醇),从而实现氧化和金属配位反应。在此过程中,能够阻碍金属配位反应的能量粒子,如紫外线和电子等,被完全隔绝,因此即使是在室温下,仅通过氧化物中性粒子束的动能就可以实现金属配位反应。图12显示了过渡金属(如Ta、Ru、Pt)的氧化和配位反应导致的刻蚀形状[14]。即使是通常难以氧化的Pt等材料,利用这种方法依然可以发生氧化和配位反应,得到和掩膜版相同的理想图形。氧化物中性粒子氧化配位反应的可行性得到了验证。此外,通过此方法刻蚀加工的磁体,完全没有出现磁性消退的现象。

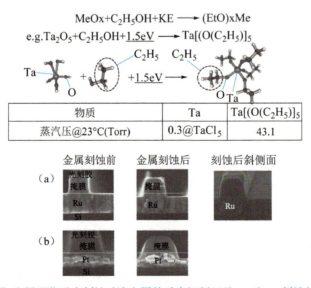

图12　氧化-金属配位反应刻蚀过渡金属的反应机制以及Ru和Pt刻蚀的实物照片

14.6 结语

本文介绍了创新性的中性粒子束技术在先进纳米器件制作领域的应用。对于未来的先进纳米器件来说，表面缺陷的抑制和原子级的表面反应控制都是必不可少的条件。中性粒子束刻蚀工艺可以完全排除等离子体辐射的紫外线和电荷的影响，不仅可以防止器件性能的衰减，而且可以基于计算分析实现理想的表面反应，是一种非常智能化的先进工艺。目前，这项技术正在应用于刻蚀、超薄薄膜形成和非破坏性表面改性工艺，未来必将为纳米器件的开发和实用化做出重要贡献。

文献

1) T. Nozawa and T. Kinoshita: Jpn. J. Appl. Phys., 34, 2107(1995).
2) J-P. Carrere, J-C. Oberlin and M. Haond: Proc. Int. Symp. on Plasma Process-Induced Damage, 164 (AVS, Monterey, 2000).
3) T. Dao and W. Wu: Proc. Int. Symp. on Plasma Process-Induced Damage, 54(AVS, Monterey, 1996).
4) M. Okigawa, Y. Ishikawa, Y. Ichihashi and S. Samukawa: Journal of Vacuum Science and Technology, B22(6), 2818-2822(2004).
5) S. Samukawa, K. Sakamoto and K. Ichiki: J. Vac. Sci. Technol., A20 (5), 1566(2002).
6) S. Noda, H. Nishimori, T. Iida, T. Arikado, K. Ichiki, T. Ozaki and S. Samukawa: Journal of Vacuun Science and Technology, A22(4), 1506-1512(2004).
7) K. Endo, S. Noda, M. Masahara, T. Kubota, T. Ozaki, S. Samukawa: IEEE Transcation on Electron Devices, 53, 8, 1826–1833(2006).
8) K. Endo, S. Noda, M. Masahara, T. Ozaki, S. Samukawa, Y. Liu, K. Ishii, H. Takashima, E. Sugimata, T. Matsukawa, H. Yamauchi, Y. Ishikawa and E. Suzuki: IEDM Tech Dig. (Washington, 2005).
9) Y. Ishikawa, T. Ishida and S. Samukawa: Appl. Phys. Lett., 89, 123122(2006).
10) S. Samukawa: Applied Surface Science, 192, 216(2002).
11) S. Samukawa: Japanese Journal of Applied Physics, 45, 2395(2006).
12) T. Kubota, N. Watanabe, S. Ohtsuka, T. Iwasaki, K. Ono, Y. Iriye and S. Samukawa: J. Phys. D: Appl. Phys., 45, 095202(2012).
13) 山下一郎: 应用物理, 71 (8), 1014(2002).

14) T. Kubota, T. Baba, H. Kawashima, Y. Uraoka, T. Fuyuki, I. Yamashita and S. Samukawa: Journal of Vacuum Science and Technology, B23, 534(2005).

15) Y. Tamura, T. Kaizu, T. Kiba, M. Igarashi, R. Tsukamoto, A. Higo, W. Hu, C. Thomas, M. E. Fauzi, T. Hoshii, I. Yamashita, Y. Okada, A. Murayama and S. Samukawa: Nanotechnology, 24, 285301(2013).

16) Y. Kikuchi, A. Wada, T. Kurotori, M. Sakamoto, T. Nozawa and S. Samukawa: J. Phys. D: Appl. Phys., 46, 395203(2013).

17) X. Gu, Y. Kikuchi, T. Nozawa and S. Samukawa: Digest of 2014 Symposium on VLSI Technology, 62 (IEEE, Honolulu, 2014).